河长制背景下流域水污染治理驱动机制及政策评估

王娟　著

武汉大学出版社
WUHAN UNIVERSITY PRESS

图书在版编目(CIP)数据

河长制背景下流域水污染治理驱动机制及政策评估/王娟著.—武汉：武汉大学出版社,2022.9

ISBN 978-7-307-23132-0

Ⅰ.河…　Ⅱ.王…　Ⅲ.流域—水污染防治—研究—中国　Ⅳ.X52

中国版本图书馆 CIP 数据核字(2022)第 102830 号

责任编辑:胡　艳　　责任校对:汪欣怡　　版式设计:马　佳

出版发行：**武汉大学出版社**　(430072　武昌　珞珈山)

(电子邮箱：cbs22@ whu.edu.cn　网址：www.wdp. com.cn)

印刷:武汉邮科印务有限公司

开本:720×1000　1/16　印张:10.75　字数:180 千字　插页:1

版次:2022 年 9 月第 1 版　2022 年 9 月第 1 次印刷

ISBN 978-7-307-23132-0　定价:35.00 元

前　言

2000—2017 年间，中国废水排放量由 415.2 亿吨增长到了 699.7 亿吨；尽管废水中化学需氧量、氨氮排放量在此期间经历了多次升降，最终分别比期初减少 41.4%与 90.5%，但水污染对经济、社会发展带来的巨大危害仍不容小觑。十九大报告强调，各级政府要加大水环境污染治理力度，完善生态环境治理体系。而完善流域污水防治工作，治理模式的选择至关重要。以前水环境治理低效的重要原因是地方政府没有完全执行中央政府的水环境政策。由地方创新的河长制政策能否缓解污水治理低效问题，改善流域水污染现状并提高治污效率，亟需运用相关水质数据科学地进行政策效果评估，同时深入探讨其背后的政策驱动机制。这是河长制改革过程中的重要议题，也是跨流域环境保护的重大内容。

河长制自问世以来，一直是学术界关注的焦点。大部分研究是以机制分析、理论的政策分析为主，关于河长制的治理效果，仍存在很大争议。已有研究缺少全面性的治理效果分析，评估指标的选择也没有针对现下的河长制考核内容，同时，较少关注河长制政策执行的异质性问题。鉴于此，本研究分别从地域、水域的视角细致评估河长制政策的水污染治理效果，分析河长制政策执行差异化的原因，并探讨其有效实施的障碍因素。

(1)运用演化博弈分析地方政府河长制执行策略。河长制改革涉及地方政府、污水排放企业等利益主体，它们之间的博弈行为呈现长期性和动态性。研究发现，在地方政府与污水排放企业之间的动态博弈中，河长制执行的力度并没有对双方的博弈策略有固定影响，地方政府政绩考核中水质指标比重不影响双方演化博弈策略的选择。降低地方政府执行河长制的成本、提高排污费的费率等策略会促使企业治理污水与地方政府河长制执行的策略集向“完全治污，完全执行河长制”方向演化。对地方政府之间的演化博弈模型分析发现，降低地方政府经济指标考核比重、提高执行河长制的物质与精神奖励等策略，会促使地方政府之间执行河长制的演化博弈结果向“完全执行河长制，完全执行河长制”方向演进。污水排放的外部效应不会对地方政府间博弈系统的演化产生影响。

（2）评估重点城市河长制治理及经济效果。首先在 Riker(1964)理论的框架下，分析了河长制污水治理的理论框架与治理结构，然后基于中国重点城市的水质监测点数据，利用先期试点地区的新闻报道与数据，运用倍差法系统考察了河长制的治污效果与经济社会效应。研究发现，河长制的实施有效地抑制了地区单位 GDP 的污水排放量，有利于水环境的改善。从河长制影响水污染治理的作用机制来看，自上而下的压力型体制，加上鼓励自下而上的监督和公众参与，为地方政府提供了强大的动力去改善水质。进一步分析发现，在一些难以维持经济增长或较难进行跨界政策协调的地区，河长制带来的预期积极变化无法实现。最后，分析河长制政策的经济效应后发现，河长制的实施有力推动了企业的转型发展和地区产业升级，有利于实现河长治。

（3）评估河长制改革对长江流域重点水功能区的治理效果。利用有序 probit 模型，通过 2014 年 1 月至 2019 年 1 月的长江流域重点水域观察断面的月度水质数据，评估了河长制的政策效果。实证检验结果发现，相对于没有实施河长制改革的流域，河长制的执行显著提高了长江流域重点水域水体的质量。河长制的实施，减少了当地污染排放行为的发生，同时通过污水治理改善了流域水质。通过选择性偏误及安慰剂检验，调整样本、改变窗口期等稳健型检验，进一步验证了基本结论的稳健性。最后，通过对长江流域监测断面是否处于国控点的检验分析发现，相对于其他水域，国控点水域在河长制实施后其水质显著提高，这意味着河长制的执行在地方执行时具有异质性。

（4）评估跨流域河长制污水治理效果。在以地域视角分析了河长制治理污水效果后，需要关注跨流域水污染治理问题。本部分研究了河长制政策的跨流域治理机制，同时通过长江水系省界断面的月度水质类别数据，利用有序 probit 模型，使用倍差法评估了河长制改革对省界水体水质的影响。研究结果发现，相对于没有实施河长制改革，或实施了改革但却处于河流下游，或左右省市交界但没同时实施改革的流域，河长制政策改革显著提高了省市交界流域水体水质状况。因此，河长制的实施对于改善省界水质有一定的作用，但这种正向影响的前提是省界上游区域有效实施了河长制政策改革。

(5)评估湖泊河长制污水治理效果。不同于重点城市与长江流域省界水体，省域内湖泊等流域大部分处于省控检测范围内，其水污染状况更为严重。本研究选择最早实施河长制改革的太湖流域作为研究对象进行政策评估。对水质数据进行的实证分析发现，河长在选择治水目标时，会优先选择较容易完成的目标——水质年达标率，而水质整体改善效果并不理想。进一步分析发现，太湖部分水功能区水质类别趋同于地方政府设立的水质目标(Ⅲ级)。这意味着，即使是样本初期水质好的水域也没有保持现状，随着时间的推移收敛于目标水质。同时，相对容易治理的水域水质逐步达标，但少量难以治理的水域水质日趋恶化。此外，相对于省控监测点，国控点水域在河长制改革后其整体水质及年达标率均显著提高。由此可见，河长在省域内湖泊治理目标及水域选择上均存在明显差别，河长制治理效果也因为河长的选择性策略，而暂时没有达到提高整体水域水质的目的。

(6)河长制政策绩效评估与障碍因素分析。太湖作为最早实施河长制的水域，对河长制政策绩效进行评估，分析其政策实施时的障碍因素，可以为其他地区河长制改革提供先行经验与改善依据。本研究选择了太湖流域地级市(直辖市)作为调研区域，就河长制执行效果、政策本身设计等问题进行了调研与实证分析。研究发现，太湖流域各城市河长制政策绩效评估结果差别很大，各城市的政策执行都有不同侧重。其中，政策绩效等级较高的是杭州市与上海市，其次是常州市、嘉兴市、苏州市与无锡市。对河长制实施的障碍因素调研分析发现，政策执行标准、执行情况的监督与管理和财政支出透明度是影响河长制政策绩效的主要障碍因素。

王娟

2022 年 8 月

目　　录

第1章 绪　论

在我国，水污染问题已成为经济与社会可持续发展的一大障碍，严重的水污染现状固然有经济长期粗放式发展遗留的环境存量问题，但污染跨域溢出的影响难辞其咎(沈坤荣，等，2017)。国外流域水污染治理主要有直接管制模式、市场治理模式与协商治理模式。在中国特殊政治经济背景下，直接管制模式更为普遍。地方政府相对于中央政府更能反映当地民众的偏好，分权式环境治理更具有优势(Chang 等，2014)。但 Assetto 等(2003)通过分析财政分权与政治体制交互作用对环境质量的影响认为，民主体制不太成熟的国家，财政分权本身可能不会利于环境质量的改善。在我国，将环境治理责任下放给地方政府而建立起的分权型管理体制已经暴露出明显的问题。在中央政府的激励与约束下，自上而下的地方政府对地方事务具有较大的自主权，对环境规制执行的弹性也很大。一旦区域间环境规制出现了差异性，污染企业就有了规避环境治理的机会。财政分权下地方政府的环境治理政策更容易被利益集团影响(Brollo 等，2013)。同时，水污染物的外溢流动特征加之“搭便车”行为使得大力推进环境治理措施的区域难以有所突破。而随之带来的环境污染成本与环境收益分配的不公平性亦加剧了治理难度(杨继生，徐娟，2016)。

十九大报告提出加大水环境污染治理力度，完善生态环境治理体系。环境联邦主义理论认为，集权环境治理是解决跨域污染的有效手段之一(Dijkstra，Fredriksson，2010)。而在我国特殊政治经济背景下形成的河长制，由党政负责人兼任河长负责辖区内河流污染治理和水环境保护，本质是具有中国特色的集权环境治理模式。此项政策已在全国范围推行，但河长制是否能够改进流域水污染治理现状并产生治污成效，需要运用现实数据科学地进行政策分析、评估，同时需要深入探讨其背后的驱动机制。这些是河长制改革发展过程中必须要研究的问题，也是跨域环境保护的重要内容。

鉴于已有的研究不足，本研究试图在河长制的改革背景下研究地方政府流域水污染治理驱动机制，并基于地域-流域视角分析河长制的实施对水污染治理的效果。河长制政策效果评估主要从重点城市水质监测点、长江水系中的省界监测点、太湖流域水质三大层面具体探讨。根据不同层面的河长制政策评估结果提出相应的对策建议。

1.1 地方政府与环境污染治理

环境是典型的公共物品，环境管制不仅取决于中央政策，更依赖于地方政府基于政治、经济利益的考量(Tilt，2007)。国内外文献关于政府行为与环境保护问题的研究主要基于以下几个方面：环境管制分权与集权的讨论，地方政府竞争行为与环境污染，地方官员与环境污染。作为地方创新型的产物，河长制被认为是中国特色下的集权环境管制策略，因其特殊的制度设计有着区别于以往水环境管制政策的优势。从实证角度，用现实数据评估河长制在不同地区、水域的政策治理效果，为现有河长制制度安排及改进提供经验证据和智力支持。

1.1.1 地方政府行为与环境保护

1. 分权与集权环境治理

分权式环境治理模式的优势是地方政府较中央政府能更好反映当地民众偏好(Chang 等，2014)。理论研究认为，分权式管理导致环境标准螺旋下降，难以实现最优结果(Millimet，2013；Adelman，2014)。如果市场完善或没有再分配的公共政策，追求福利最大化的地方政府会做出有效的污染排放选择(Oates，2002)。但市场失灵和再分配政策普遍存在，现实中存在破坏性竞争行为的可能(Veld，Shogren，2012；Millimet，Roy，2016)。同时，也有实证研究认为“竞次”被夸大(Lai，2013；Hasegawa 等，2015)，地方分权管理有利于环境质量改善(Sigman，2014；Huang，Chen，2015)，甚至分权度的提高出现“竞优”现象(Dong 等，2012)。我国地方政府间环境策略的文献证实了“竞次”现象(张征宇，朱平芳，2010；赵霄伟，2014；王孝松，等，2015)。政治集权、经济分权下的地方政府只对上负责，在区域发展、税收、就业等政策性负担下更容易被利益集团俘获(龚强，等，2015)。“搭便车”行为更加剧了分权环境治理的难度(List 等，2002；胡若隐，2006)。跨界污染是集权环境治理的重要原因(Dijkstra，Fredriksson，2010)。河长制是其中最突出的治理模式，铁腕治污的同时，提高了治污效率。

2. 竞争说

政治集权使得“相对绩效考核”的地方政府注重竞争对手的行为，其行为方式具有“策略性”(黄亮雄，等，2015)。地方政府为了获取竞争优势与税收增加，会放松环境管制或降低税负(Cole，Fredriksson，2009；Madiès，Dethier，2012)。在招商引资谈判中，将环境管制作为一种政策工具(杨海生，等，2008；朱平芳，等，2011)，以环境资源的牺牲换取地区经济增长。环境规制差异性带给污染企业跨区转移或回避环境治理的可能性增加，而这是自上而下环境管制政策无法根治污染的原因之一(沈坤荣，等，2017)。同时，地方政府只对上负责的行为并不用承担环境恶化的后果。研究中国区域间污染避难所效应的文献证实，污染倾向于向地区边界转移(Duvivier，Xiong，2013；Cai 等，2016)。研究税收竞争与环境污染的文献发现，地方政府针对不同类型的污染物会采取“骑跷跷板”策略(Chirinko，Wilson，2011；刘洁，李文利，2013；张宏翔，等，2015)。河长制的强制执行，让地方政府在追求经济利益的同时，不得不关注流域水环境问题，从而可能缓解省内发展带来的水污染问题。

3. 官员说

地方官员通过自身行为模式影响地方发展(张军，周黎安，2008；王贤彬，徐现祥，2008)。研究政企合谋的文献从官员任期、官员属性、官员间关系网等角度证实官员对当地环境的影响(陈刚，李树，2012；徐现祥，李书娟，2015；郭峰，石庆玲，2017)。在以GDP为主的激励指标下，无论地方官员为了晋升或连任(周黎安，2007；徐现祥，等，2010)，还是为了地方财政收入(Qian，Weingast，1998；Jin等，2005)，都会做出有利于辖区经济增长的反应，而对水污染排放视而不见。晋升压力下，官员的行为是导致污染排放屡禁不止的主要原因(Wu等，2014；梁平汉，高楠，2014；袁凯华，李后建，2015)。随着环保考核纳入政绩考核体系，地方官员亦调整其行为，环境绩效考核制度正逐步发挥作用(孙伟增，等，2014)。河长由主要党政负责人担任(诸多地区已形成省、市、县三级甚至四级负责人组织体系)并加以水环境指标考核，在一定程度上缓解了因不当政治激励而带来的水污染管制低效问题。

1.1.2 河长制分析

1. 政策分析

最初，文献基于政府相关法规、文件进行论述分析，倡导河长制的优点，不断发展为开始反思其治理机制及缺陷。河长制政策认知的文献普遍认为它是权威依托下的领导干部包干制，本质仍属于人治，过度依赖政府权威。也有文献认为，河长制是创新型的危机管理机制，存在危机制度与常规制度之间的裂痕(周建国，熊烨，2017)。对于河长制现实困境的文献主要从能力、组织逻辑、责任困境、行政问责、协同失灵、财政压力及社会力量方面进行分析。

2. 机制研究

研究河长制责任机制的文献认为，在制度上解决了激励问题。在河长的权威下，建立了以部门间为基础的横向及以地级市、县级市和乡镇为基础的纵向协同，强有力地对流域水污染进行管理(熊烨，2019；颜海娜，曾栋，2019)。随后，熊烨(2017)以“纵-横”权利机制分析框架进一步研究认为，中国流域治理应是以资源依赖为主导力量的治理模式。研究跨部门协作机制的文献普遍认为河长制可以较好地解决科层管理间的碎片化问题(黎元生，胡熠，2017)。河长制从试点到全面推动，扩散机制发挥了重要作用。地方政府间直接消化、学习河长制政策制度，这不仅是简单的模仿，同时也会在其他地区改革中不断升华、再创新。

3. 政策评估

已发表的对河长制效应评估的文献从国控监测点水污染数据入手，分析河长制在地方执行中的政策效应，认为河长制实现了初步水污染治理效果，但并没有显著降低水中的深度污染物(沈坤荣，金刚，2018)。随后金刚、沈坤荣(2019)从官员的视角分析了地方政府官员晋升激励与河长制执行效果的关系。Li 等(2020)认为河长制作为平衡地方经济发展和环境管理的重要措施，其实施效果并没有达到预期的目标。他们利用江苏省的省级水质监测数据对化妆品行业污染控制进行了分析，发现河长制的实施效果并不好，需要引入第三方评估和公共监测体系来改善。与他们的研究结论相反，She 等(2019)使用长江经济区 40 个城市 2004—2015 年的面板数据，采用差分的方法探究河长制对地表水污染效应的影响，发现河长制可以显著改善水质。同时，研究发现，产业结构的升级和工业废物排放的严格控制措施可能是河长制运行良好的重要原因。

1.2 研究意义

为了缓解水污染带来的一系列经济社会问题，十九大报告明确指出，政府将以前所未有的决心和力度加强重点流域、海域的水污染防治工作，全面整治黑臭水体，完善生态环境治理体系。政府工作报告也多次强调生态环境质量的提高是全面建成小康社会的关键。要缓解现阶段的水污染现状，治理模式的选择至关重要。以往的水环境治理政策及分权式环境管制策略因为激励机制、区域竞争、治理成本收益不公等原因出现失效现象。河长制政策应运而生，因为其权威性、强制性等政策构建特点，在区域性水污染治理方面初见成效，并于2018年正式被认定为国家水环境保护政策。这项从地方创新实践升华到国家行动的政策是否能够改善流域水污染现状并产生治污成效，需要运用现实数据科学地进行政策分析、评估，同时需要深入探讨河长制政策执行的驱动机制。这是河长制改革过程中必须要研究的议题，也是跨域环境保护的重大内容。

河长制无论在制度安排还是实施范围上，都区别于以往的环境管制政策。自其问世以来，一直是学术界议论的焦点。大部分论述都是以机制分析(黎元生，胡熠，2017)，理论上的政策分析(周建国，熊烨，2017；熊烨，2019；颜海娜，曾栋，2019)，官员激励视角(金刚，沈坤荣，2019)为主。除了进行河长制制度本身的构建、机制运行等研究外，现实水质数据可以更为直接地评估政策治理效果，为政策调整提供经验证据。尽管近期有一些河长制政策评估的研究陆续出现，但政策的治理效果在学术界仍存在很大的争议。一些研究从理论与实证视角分析，认为河长制改革并没有在污水治理上取得显著成效(周建国，曹新富，2020；沈坤荣，金刚，2018；Li等，2020)，但也有相反的研究结论(She等，2019；Ouyang等，2020)。

纵观相关研究，尽管在理论与实证分析上均有涉及，但政策评估研究仍缺少全面性的分析，评估指标的选择没有针对现下的河长制考核内容，也较少关注河长制政策执行的异质性问题。鉴于以上不足，本研究从以下方面进行探讨：第一，分别从地域、水域的视角细致评估河长制政策的水污染治理效果。本研究从重点城市水质、长江水系省界水质及太湖流域三个方面分别评估政策效果。第二，河长制政策治理差异性的研究。研究发现针对不同的区域、不同的水系、不同的评估指标，研究结论具有显著差异。因此，河长制政策执行差异化策略的原因探讨就十分必要。

本研究在河长制的改革背景下，分析地方政府流域水污染治理驱动机制，并从地域-流域多视角评估河长制政策实施对流域水污染治理的效果，以及分析河长制在执行时的异质性问题。在学术价值上，首次利用重点城市水污染、长江流域重点水功能区、长江流域省界水质及太湖流域水质数据，使用倍差法(DID)对河长制改革进行政策评估。同时，还对河长制执行时的差异性策略进行了研究。在应用价值方面，流域水污染是最典型的跨域污染之一，河长制政策是整体性治理流域生态环境的探索性改革。跨域水污染治理绝非毕其功于一役。对河长制的深入研究为政府在污染防治中提供前瞻性的研究成果和决策依据。研究不仅关系着中国今后流域水污染治理的走向，而且影响着大气、森林等领域的治理，影响着中国跨域环境治理模式的形成，对深化中国跨域环境管理体制改革和提升生态环境治理能力有重要的启示作用，是中国生态文明体制改革的重要内容。

1.3 研究思路

本研究首先界定了研究问题：河长制的污水治理驱动机制及政策效果评估。河长制改革对地方党政负责人的职责范围、水污染治理模式、各级部门协调等产生了一系列的影响，本研究拟从河长制改革视角分析地方政府行为与环境污染治理问题，探讨中国跨域环境污染治理的模式。

然后，对河长制治理模式进行理论分析及机制分析。从经济学与公共管理的角度分析河长制治理的理论基础，同时，采用实地调研搜集相关资料及案例探讨河长制的治理机制。

其次，实证评估河长制污水治理效果。从地域-流域视角，利用重点城市监测点水质数据、长江流域重点水功能区水质数据、长江流域省界水质数据及太湖流域水质数据，采用 DID 方法分析河长制改革的政策效果。

再次，分析河长制实施的障碍因素。从访谈结果出发分析河长制下地方政府跨域水污染治理的障碍因素，根据调查问卷的数据，采用熵权TOPSIS模型进行政策绩效分析及障碍因素分析。

最后，结合中外经验，基于中国特殊的政治经济背景提出相应政策建议。

1.4 研究框架与内容安排

本研究遵循理论分析—机制分析—实证分析—政策建议的思路构建项目的总体研究框架，试图研究中国河长制改革背景下地方政府行为与水环境污染之间的联系。本研究首先在文献收集整理和确立目标与方案的基础上，分析归纳了中国环境管制的历程与政策内容，同时对河长制改革的试点区域情况进行梳理，利用对相关地区及流域的调研访谈，分析河长制实施后地方水污染治理过程中面临的障碍因素；然后研究河长制背景下各级地方政府实施水污染治理的驱动机制；接着利用DID方法分析河长制对地方流域水污染治理的效应评估；最后提出有利于水污染治理的相关政策建议。具体研究框架见图1-1。

基于此，本书内容安排如下：

(1)地方政府执行河长制政策的演化博弈分析。河长制政策的执行涉及诸多利益主体，逐渐形成了企业治污与当地政府河长政策执行的博弈，地方政府之间河长制执行策略的博弈。这项地方政府政策创新之举，因其特有的制度安排及特点，在设计博弈系统时会与现有研究不同。加之博弈行为呈现长期性和动态性，因此，本研究利用演化博弈理论建立相关模型，探讨地方政府之间河长制执行决策的演化过程。

(2)重点城市水质的河长制治理分析。相比于以前的水环境政策，河长制构建了更为系统、完整的水环境治理体系。在Riker(1964)理论的框架下，本研究分析了河长制污水治理的理论模型，基于中国重点城市的水质监测点数据，利用先期试点地区的实践与经验，运用DID方法系统考察了河长制的治污效果与经济社会效应。

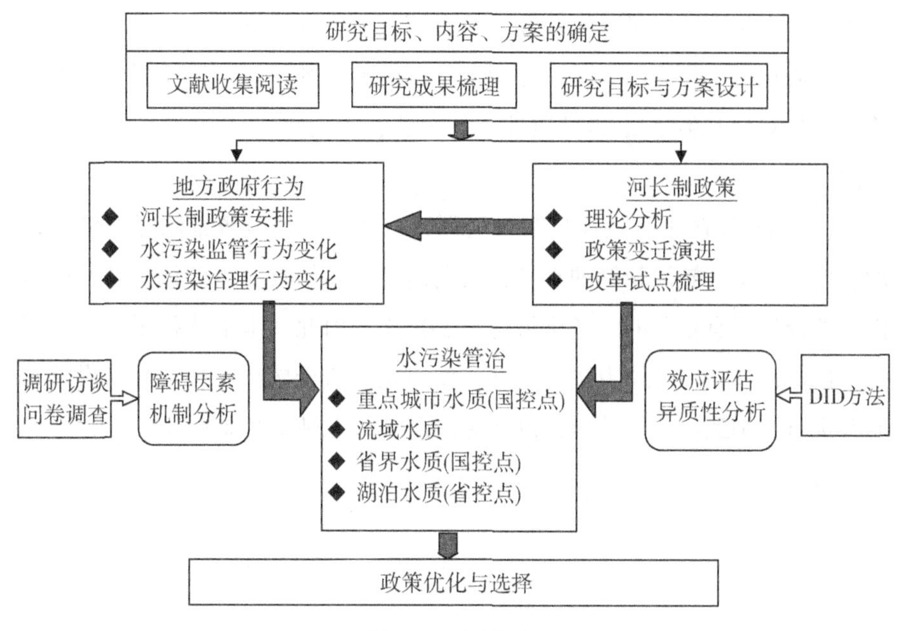

图 1-1 研究框架

(3)河长制下的长江流域水质治理效果评估。河长制的执行效果需要严谨的实证评估，而长江作为中华民族的母亲河，其水质的重要性不言而喻。本部分利用有序 probit 模型，通过 2014—2019 年长江流域重点水域断面的月度水质数据，评估了河长制的政策效果。同时，进一步分析了河长制改革效果的异质性影响。

(4)河长制跨流域污水治理效果评估。流域跨界污染问题是水污染治理的重点也是难点。在以地域视角分析了河长制治污效果后，需要关注河长制是否能够改善跨流域水污染治理问题；在跨流域治理中，河长制治理污水的驱动机制如何。鉴于此，本研究分析了河长制的治理机制，同时通过长江水系省界 170 个水域观察断面的月度水质类别数据，利用有序 probit 模型，使用 DID 方法评估了河长制改革对长江流域省界水体水质的影响。

(5)河长制湖泊污水治理效果评估。重点城市与长江流域省界的水体监测点绝大部分属于国控点监测体系内，而省域内的湖泊等流域水污染更为严重，需关注河长制对于地方政府辖区内的流域治理是否也具有效力。基于此，本研究选择最早实施改革的太湖流域作为研究对象，选取水质指标和水质达标率作为因变量来分析河长制的治污效果。同时，根据实证结论进一步对河长制实施的异质性进行分析，探讨区域水质不平衡发展的原因。

(6)河长制政策绩效评估与障碍因素分析。任何改革都不是一蹴而就的，作为最早实施河长制的水域，太湖治水效果的政策绩效评估及其障碍因素的分析具有重要的参考价值与借鉴意义。因此，本书选择了太湖流域7个地级市(直辖市)作为调研区域，就河长制执行效果、政策本身设计等问题进行了细致调研、分析，以期为其余水域治理提供有效的经验证据。

第2章 中国环境管制历程

自改革开放以来，我国经济高速增长的势头令世界瞩目。但是，随之而来的长时期高能耗、高污染式的发展模式，带给环境巨大的危害。《2012年中国水资源公报》显示，中国20.1万千米长的河流中，有43%的河水水质状况劣于Ⅲ类，已经无法令当地居民生活使用。而这些水质差的河流中，其中劣V类水质标准的河流占15.7%。《2013年中国国土资源公报》显示，中国800个国家级地下水水质监测点中，水质呈较差级的占43.9%，极差级的占15.7%。中国气态污染物二氧化硫、氮氧化物(Akimoto，2003；Ohara等，2007)，以及悬浮颗粒物PM10(Bond等，2004；World Bank，2013)的排放量都已远高于其他国家，由此带来了大面积的酸雨(Huang等，2010)、雾霾(Tao等，2014)，并导致世界空气污染最严重的20个城市中，有12个在中国(World Bank，2007)。《化学品环境风险防控"十二五"规划》中显示，环境污染严重危害到人类健康，增加了癌症发病率。环境污染的严重同时缩短了人类的预期寿命，还对中国的经济发展造成了巨额经济损失，阻碍了经济可持续发展。据估计，水质变差一个等级，消化道癌症的死亡率就上升9.7%(Ebenstein，2012)；二氧化硫排放量每增加1%，每万人中死于呼吸系统疾病及肺癌的人数分别增加0.055和0.005(陈硕，等，2014)；空气中悬浮颗粒物浓度每上升1%，心血管疾病患者的死亡率提高13.6%(He，2013)；淮河以北地区悬浮颗粒物浓度显著偏高使得当地居民的平均预期寿命缩短5.5年(Chen等，2013)。每年由环境污染给中国造成的经济损失高达GDP的5%以上(Matus等，2012)。随着日益严重的各种环境污染的加剧，中国政府开始重视环境保护，不断规范环境法规条例的内容，开始了漫长的环境治理历程。

环境政策作为公共政策的一种，对整个社会的价值有权威影响的权利。广义的环境政策包括我国政府制定的有关环境与资源保护的法律法规、政策文件，以及党和国家领导人在重大会议上的讲话、报告、指示等。一般意义上的环境政策是指公共权力机关对社会的环境公共利益和经济公共利益进行选择、综合、分配和落实的过程中，依据人与环境和谐发展的目标，经由政治过程所选择和制定的开发利用自然资源、保护改善环境的行为准则。此界定明确表示了环境政策的目标就是促进人与自然环境的和谐发展，生态环境指标是重要性不低于经济指标的项目。各级政府制定相关环境政策，进行地方环境管制时，环境指标与经济发展的规划顺位一样。从层次上看，环境政策可以区分为宏观、中观和微观三个层次。宏观环境政策是一段时期内稳定的指导环境工作的总纲领。中观环境政策是围绕宏观环境政策制定的，用以指导环保工作某一方面的基本政策。微观环境政策是旨在解决特定环境问题的具体政策措施。根据领域分类，环境政策包括环境经济政策、环境技术政策、环境社会政策、环境行政政策、国际环境政策。根据政策的实施手段，环境政策可以分为命令控制型环境政策、经济激励型环境政策和公众参与型环境政策(何劭玥，2017)。

十九大政府工作报告中明确提出建立人与自然和谐共生的现代化：既要创造更多物质财富和精神财富以满足人民日益增长的美好生活需要，也要提供更多优质生态产品以满足人民日益增长的优美生态环境需要。必须坚持节约优先、保护优先、自然恢复为主的方针，形成节约资源和保护环境的空间格局、产业结构、生产方式、生活方式，还自然以宁静、和谐、美丽。十九大更是提出了建设美丽中国的“四大举措”：一是要推进绿色发展；二是要着力解决突出环境问题；三是要加大生态系统保护力度；四是要改革生态环境监管体制。污染防治已经成为中国目前三大政府攻坚战中的重要部分。中国经济的快速发展带来环境恶化已是不争的事实，而环境政策是协调经济持续发展与环境不断恶化之间矛盾的重要调控手段。本章主要梳理了中华人民共和国成立以来的环境政策的发展历程、环境管制工具，并在此基础上对环境政策的工具、演进路径进行了分析与评价。

2.1　环境政策的历史变革

从第一次全国环境保护会议上环境管理方针的确定，到中共十八大报告提出“建设美丽中国”的目标，我国环境规制经历从无到有、从初设到完善、从附属到独立的进程。环境管制是一个系统又庞博的工程，不仅涉及环保法规的制定，环保部门的建立，还与相关部门的协同配合息息相关。改革开放带来国民经济飞速发展，在初期忽略了环境保护任务，经济在不断前进的同时，逐渐面临着许多新的环境问题。为了弥补这些不足，政府依据国情，不断对环境法律法规进行细化和完善，环保部门也不断发展壮大，这些为我国环保事业的发展提供了制度基础和保证机制。本章把我国环境管制的历史归纳为五个发展阶段。

历史阶段一：环境管制的起步阶段(中华人民共和国成立—20世纪70年代末)

自中华人民共和国成立以来，各级政府更多地关注区域经济的发展，直到20世纪70年代初期，随着中国经济的快速发展，工业污染问题开始凸显。但是，经济发展带来的环境恶化代价并未得到广泛关注。中国环境保护的起点是1972年中国代表团参加斯德哥尔摩联合国人类环境大会。1973年中国政府响应国际环境保护组织的号召成立了以国务院为首的环境保护领导小组及办公室，这标志着中国专门的环保机构成立，同时在各个地区开展了废水、废气及固体废物(“三废”)的治理行动。同年8月，全国环境保护会议召开，《关于保护和改善环境的若干规定》文件的通过拉开了中国环境保护事业的序幕，此次会议明确规定了环境保护的“三十二字”方针①。这是我国第一部有关环境保护的政策文件，揭开了我国环境保护事业的序幕。1974 年，国务院成立了环境保护领导小组。1979 年以后，中国的环境污染渐呈加剧之势，乡镇企业的大范围兴起，直接导致了环境污染进入农村。1979 年，中央政府颁布了《环境保护法(试行)》，更坚定了中国政府环境保护的决心。自此，中国通过制定一系列环境保护政策和成立专门的环境保护机构，对污染局面进行控制，并唤醒人们对环境问题的重视。环保法的正式颁布也标志着中国环境管制工作的全面执行。但是，这个阶段的环境管制大多流于形式，可以直接执行操作的措施相对较少，并没有形成系统性的方针策略，但在环境保护意识等教育的宣传上起到一定的作用。

历史阶段二：环境管制发展阶段(20 世纪 80 年代初—20 世纪 80 年代末)

20 世纪 80 年代中国开始实施较为详细的环境保护政策，包括工业建设、能源、水域等环境保护政策，初步建立环境保护的政策法规体。1982 年，国务院撤销了环境保护领导小组，重新组建环境保护局，其属于城乡建设环保部，拥有相对独立的财政权和人事权。同时，在次年召开的第二次环境保护会议上将环境保护定为一项基本国策，此次会议确定了环保的指导方针②。国策地位的确立，使环境保护工作在国家经济建设中的地位开始提升(张萍，等，2017)。这期间，中国政府开始反思“先污染后治理”的思路，提出了“同步发展”方针。同期，我国还陆续制定并颁布了污染防治方面的各单项法律和标准，如《水污染防治法》《大气污染防治法》《海洋环境保护法》，还相继出台了《森林法》《草原法》《水法》《水土保持法》《野生动物保护法》等资源保护方面的法律，初步构建了环境保护的基本法律框架。在机构设置上，环境管理组织体系已经形成，环境管理机构的职能

① “三十二字”方针为：全面规划，合理布局，综合利用，化害为利，依靠群众，大家动手，保护环境，造福人民。

② 指导方针为：经济建设、城乡建设和环境保护建设同时规划、实施、发展的“三同时”与实现经济效益、社会效益和环境效益统一的“三统一”结合发展的方针。

逐步加强。1984年5月，国务院决定成立国务院环保委员会，同年12月批准将城乡建设环保部环保局改为国家环保局，1998年中国正式成立了国家环境保护总局，作为国务院环保委员会的办事机构，但仍接受城乡建设保护部领导。1984年颁布的《关于环境保护工作的若干决定》对污染防治和环境，保护中的一系列重要问题做出了明确的规定。在这期间颁布了《征收排污费暂行办法》等行政法规和部门规章，《工业三废排放试行标准》《生活饮用水卫生标准》《食品卫生标准》等环境标准，以及《关于结合技术改造防治工业污染的几项规定》《关于防治煤烟型污染技术政策的规定》等。1989年，第三次环境保护会议召开，进一步强度环境监督管理、经济与环境协调发展的重要性，此次会议确立了"三大环保政策"，并在总结环境保护的建议教训下形成了环境管制的"八项制度"①。1989年，《中华人民共和国环保法》的颁布实施，确立了我国现行的环境规制体制是统一监管与分级分部门规制相结合的体制。

在环保机构的完善上，1988年国家环保局正式升格为国务院直属机构，厘清了国家环保局的职能，以更好地应对全国日益严峻的环境形势。同时，全国的各级政府(省、市、县)也相应组建了环保部门；各行业成立相应的环境管理机构。这标志着中国环境管理的全力推行，推动了我国环境保护工作的深化开展。

历史阶段三：中国环境管制完善阶段(20世纪90年代初—20世纪90年代中期)

随着改革的深化，20世纪90年代中国经济得到空前的发展，尤其是重工业。中国环境污染导致的经济损失占当年(1993年)GDP的8%~13%(郑易生，阎林，1999)。自1991年开始，环境保护计划指标首次纳入国民经济和社会发展计划。1992年，中国政府提出了实行可持续发展战略，同年环境统计数据被首次列入国民经济和社会发展统计公报，这是中国环

① 三大环境保护政策为："预防为主、防治结合""谁污染谁治理""强化环境管理"。八项制度为："环境影响评价""三同时""排污收费""目标责任""城市环境综合整治""限期治理""集中控制""排污登记与许可证"。

保运动经过了近二十年努力才取得的突破。1993年，人大八届一次会议通过了增设全国人大环保委员会的决议。从此，中国构建了由全国人大制定立法，各级政府具体实施，环境行政部门统一执行，各部门紧密配合，企业承担污染防治，公众参与监督的环境监管体系。中国意识到环境保护的实质是生产力的保护，于1994年颁布了《中国21世纪议程》，更加坚定了污染防治的决心。1996年，第四次环境保护会议召开，此次会议指出环境保护是经济可持续发展的关键因素，并提出环境保护的十大对策①。同年的人民代表大会审议通过了2000年与2010年的环境保护目标，并发表了《关于环境保护若干问题的决定》。该决定要求截至2000年全国所有工业污染源排放污染物要达到国家和地方规定的标准，各省、自治区、直辖市要使本辖区主要污染物排放总量控制在国家规定的排放总量指标内。

这段时期，随着中国环保意识的不断加强，中国政府部门陆续颁布了《水污染防治法》《大气污染防治法》《环境噪声污染法》《固体废物污染环境防治》和《海洋环保法》等。国务院制定或修改了《自然保护区条例》等20多件环境法规，制定和修改环境标准200多项。1994年全国环境保护工作会议提出建立和推行环境标志制度。1994年5月，中国环境标志产品认证委员会成立。1996年1月，国家环保局实施ISO14000系列标准的辅助机构——国家环保局环境管理体系审核中心成立。实施环境标志制度的一个重要举措是推行ISO14000环境管理系列标准。

在环保机构的完善上，截至1996年年底，中国31个省级地区全都建立了一级环保局建制，93%的乡镇配备了环保员。1996年7月，第四次全国环境保护会议，提出“保护环境是实施可持续发展战略的关键，保护环境就是保护生产力”的战略口号。

① 十大对策为：实施持续发展战略；利用有效措施防治工业污染；深入开展环境综合整治并管制城市“四害”；提高能源利用率，改善能源结构；推广生态农业并植树造林，保护生物多样性；推进科技进步，加强环境科学研究，鼓励环保产业；采用经济手段实施环境管制；推广环境保护教育，提高居民的环保意识；健全环境法制同时强化环境管理。

历史阶段四：中国环境管制深化阶段(20 世纪 90 年代中期—21 世纪 00 年代末期)

20 世纪 90 年代中期，在我国工业化、城市化和外商投资迅猛发展的同时，环境治理的压力增大。国务院出台了一系列环境法律法规，明确了防治污染和生态保护并重的方针，以及可持续发展战略的重要性。这一阶段环境管制的行政治理渠道继续强化，并形成了三方面的治理重点，即重点治理“三河”“三湖”水污染，重点治理“两区”大气污染，重点防治工业污染及对城市环境开展综合整治。1998 年，国家环境保护总局重新确立，较之以前职责更为明确，权力有所扩大。21 世纪初，胡锦涛提出了科学发展观、构建和谐社会的重要思想，把建设“资源节约型、环境友好型”社会作为长期的战略任务。2002 年，第五次环境保护会议确立了环境保护作为各级政府的重要职能，此次会议尤为强调了环境保护的重要地位。同年，《国家环境保护“十五”计划》得到国务院的审核通过。与此同时，《排污费征收管理使用条例》颁布，并于 2003 年 7 月执行，已发展成为我国当前排污收费工作最基本、最核心的指导规范。2005 年 12 月，国务院先后发布了《促进产业结构调整暂行规定》和《关于落实科学发展观加强环境保护的决定》。2006 年开始执行的环境约束性指标纳入官员政绩考核体系，此举措更是从根本上缓解了一直以来以经济指标为主的考核体系的不足。为了提升环境保护工作的区域协调性，增强环保部门的执法能力，在 6 个区域成立了环保督查中心。2008 年环保总局升格为环境保护部，环境保护部能够更多地参与国家重大环境决策，更有利于深入开展工作，这不仅提升了环境监管的权威性，而且充分显示了国家对环境保护的重视。2006 年，第六次环境保护会议召开，正式提出可持续发展的政策方针，同时强调了“三个转变”①对于环境保护的重要意义。2007 年，中共十七大提出建设生态文明社会，同时提出了形成资源节约和保护生态的产业结构、增长模式

① 三个转变，即：从重视经济增长轻环境保护转变为保护环境与经济增长并重；从环境保护滞后于经济发展转变为环境保护和经济发展同步；从主要靠行政手段保护环境转变为综合运用法律、经济、技术和必要的行政手段解决环境问题。

与消费模式的构想。2008年，国务院机构改革中国家环保总局升格为环保部，进入国务院组成部门，进一步提高的环境主管部门的职权，使之在环境决策、规划和重大问题上更能发挥统筹和协调作用。

除了政策规定以外，中国政府还相继出台了《清洁生产促进法》《环境影响评价法》《放射性污染防治法》《可再生能源法》《循环经济促进法》。为了实现“十五”环境保护目标，中国环境污染治理投资总额自2000年以来不断提高(图2-1)，2010年的投资总额是2000年的6倍多；同时，2010年的投资总额占当年GDP的比重也较2000年有所提高。中国现今已初步形成了包括《环境保护法》等6部环境法律和《森林法》等9部资源法律，以及各种环境保护行政法规及环境标准在内的法律法规体系。

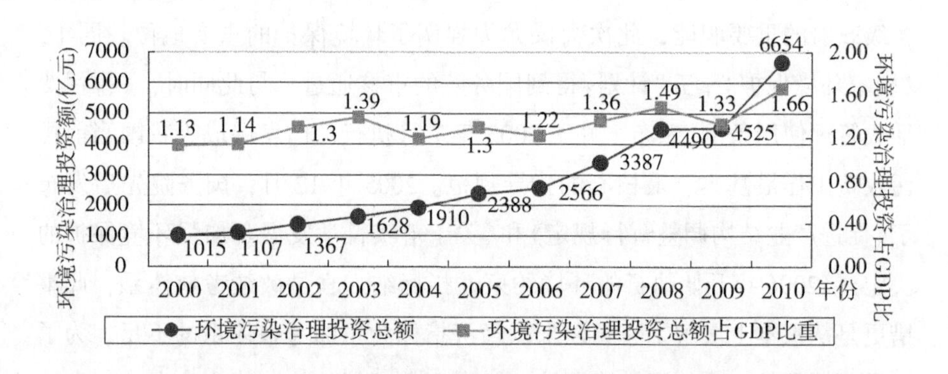

历史阶段五：中国环境管制综合治理阶段(21世纪10年代初期至今)

中国共产党十八大会议(2012年)提出建设美丽中国的环保新要求，这些政策要求进一步显示了国家对环境保护重视程度的不断加深，也反映出我国加强环境保护以优化经济发展的治理理念。为了提升环境保护工作的区域协调性，增强环保部门的执法能力，在6个区域成立了环保督查中心。环保总局升格为环境保护部后，环保部能够更多地参与国家重大环境决策，更有利于深入开展工作。各地区环境法规的相继颁布和实施。这些均标志着我国的环境保护工作开始走上制度化、法制化轨道。2013年，十八届三中全会进一步提出建立系统完整的生态文明制度体系，“资源产权”

“生态红线”等概念相继出台。2013 年 9 月，国务院颁布了《大气污染防治行动计划》，即《大气十条》条例，该计划要求经过 5 年努力，实现全国空气质量“总体改善”。2014 年以后，相关新环境政策颁布执行的频率日益加快，生态文明建设处于快速发展实施阶段，全方位的环境保护、环境治理工作陆续展开。同年 3 月，环保部审议并通过了《土壤污染防治行动计划》，即《土十条》计划，该计划提出依法推进土壤环境保护，坚决切断各类土壤污染源，实施农用地分级管理和建设用地分类管控以及土壤修复工程。2014 年，第十二届全国人大常委会第八次会议修订通过了新的《中华人民共和国环境保护法》。此法的修订实施抓住了上述需求的关键。新的环保法明确界定了政府的环保责任，也严格廓清了企事业单位及其他生产经营者的环保责任，还具体规定了公民的环境权利和环保义务。由此，从国家战略格局，到环保立法及制度保障体系的全面落实，再到环保监管、考核与全民参与，以及环保社会力量的长足发展，代表着我国环保事业进入了一个新的历史发展阶段。

2015 年 4 月，国务院颁布了《水污染防治行动计划》，即《水十条》计划，该计划明确规定到 2020 年、2030 年和 21 世纪中叶，全国水环境质量和生态系统的改善目标。与较早展开的空气和水污染治理相比，我国的土壤治污还处于起步阶段。2015 年 5 月，中共中央国务院发布“关于加快推进生态文明建设的意见”文件。2015 年的 8 月与 9 月，中共中央与国务院陆续颁布了《党政领导干部生态环境损害责任追究办法(试行)》与《生态文明体制改革总体方案》。其中，《党政领导干部生态环境损害责任追究办法(试行)》是一项与生态文明建设专项配套的政策文件，作为中国首例针对党政领导干部开展生态环境损害追责的制度性安排，它标志着我国生态文明建设正式进入实质问责阶段。这些配套文件是环保工作行动层面的任务安排，是推进生态文明建设和加强环境保护的路线图。同年 8 月，第十二届全国人民代表大会常务委员会第十六次会议修订了《中华人民共和国大气污染防治法》，这部被称为“史上最严”的大气污染防治法，将排放总量控制和排污许可的范围扩展到全国，明确分配总量指标，对超总量和未完成达标任务的地区实行区域限批，并约谈主要负责人。建立重点区域大气污染联防联控机制的同时，贯彻新《环保法》“公众参与”条款，在全社会层面推广低碳生活方式。2015年党的十八届五中全会审议通过的《中共中央关于制定国民经济和社会发展第十三个五年规划的建议》中提出，实行省以下环保监测监察执法垂直管理；同年，中共中央办公厅、国务院办公厅印发《党政领导干部生态环境损害责任追究办法(试行)》，对地方各级党委和政府对本地区生态环境和资源保护的责任进行了细化，对失职行为将依法严格追究责任。这一年国家环境保护部还颁布了《环境保护公众参与办法》，明确了落实公众环保参与的具体措施。2016年年底，国家发改委、统计局、环保部、中组部等制定了《绿色发展指标体系》和《生态文明建设考核目标体系》。环保部联合中宣部、中央文明办等单位共同制定了《关于全国环境宣传教育工作纲要(2015—2020)》，对新阶段的环保宣教做了新的部署。

在这段时期，除了上述法律、方案、规定的颁布，更多配套办法和实施细则也陆续出台。为了将新《环境保护法》赋予环保部门的新监督权力和手段落到实处，环境保护部发布了4个配套办法：《环境保护主管部门实施按日连续处罚办法》主要针对按日连续处罚的新规定，明确了使用此处罚的违法行为类型、处罚程序、责令改正的内容形式、拒不改正的评判标准以及按日连续处罚的计罚方式；《环境保护主管部门实施查封、扣押办法》既为一线执法人员提供了查封扣押的规范依据，又有效降低其乱用、滥用权力的风险；《环境保护主管部门限制生产、停产整治办法》对《环境保护法》中“超标超总量”排污的违法行为的具体处理方式、手段、流程加以明确；《企业事业单位环境信息公开办法》则对信息公开范围、内容、方式、监督等4个问题进行了可操作性的解读与规定。除了以上刚性的环保法律规章制度，党的十八大后各部门还密集出台了近200部环境经济政策，涉及环境信用、环境财政、绿色税费、绿色信贷、绿色证券、绿色价格、绿色贸易、绿色采购、生态补偿、排污权交易等多个方面，覆盖了社会经济活动全链条，不同的政策单独或者共同调整着开采、生产、流通或消费环节的社会经济行为，成为环境政策体系的重要组成部分(何劭玥，2017)。

2.2 环境政策执行工具分析

自环境政策颁布实施以来，从中国环境政策演变的历史进程可以看出，政策执行的工具经历了传统的指令式工具模式为主，经济型工具模式为主以及综合型工具模式。

2.2.1 环境政策指令式工具手段

指令式环境政策工具模式是政府通过立法或制定行政部门的规章制度来确定环境规制的目标和标准，并以行政命令的方式要求企业遵守，对于违反相应标准的企业进行处罚。中国指令式环境政策工具模式主要有以下几种：

1. 环境影响评价制度

1979年，环境影响评价制度首次被执行，这项法律制度源于《中华人民共和国环保法(试行)》颁布实施。环境影响评价制度，是实现经济建设、城乡建设和环境建设同步发展的主要法律手段。建设项目不但要进行经济评价，而且要进行环境影响评价，科学地分析开发建设活动可能产生的环境问题，并提出防治措施。中国环境影响评价制度的建立分成三步完成的：创立阶段，发展阶段，完善阶段。1973年，首先提出环境影响评价的概念。1979年，中国环境影响评价制度化、法律化。1981年，发布的《基本建设项目环境保护管理办法》专门对环境影响评价的基本内容和程序作了规定。1986年，颁布了《建设项目环境保护管理办法》，进一步明确了环境影响评价的范围、内容、管理权限和责任。中国环境影响评价制度的发展阶段始于1989年颁布的《中华人民共和国环境保护法》。1999年3月，中国环保总局颁布《建设项目环境影响评价资格证书管理办法》，至此，中国环境影响评价制度建立了专业化体系。2003 年 9 月执行的《环境影响评价法》是中国环境影响评价制度发展历史上的一个新的里程碑，是中国环境影响评价制度完善的重要标志。

2. “三同时”制度

“三同时”制度源于 1973 年中国第一次环境保护会议上颁布的《关于保护和改善环境的若干规定(试行草案)》。这项制度规定了新扩改项目和技术改造项目的环保设施，必须与主体工程同时设计、同时施工、同时投产使用。此制度是中国的独创，是在中国社会主义制度和建设经验的基础上提出来的，是具有中国特色并行之有效的环境管理制度。1979 年，《中华人民共和国环境保护法(试行)》中做了进一步规定。此后的一系列环境法律法规也都重申了“三同时”制度。1986 年，国务院环境保护委员会、国家计委、国家经委联合发布的《建设项目环境保护管理办法》对“三同时”制度做了具体规定。1998 年，国务院在《建设项目环境保护管理办法》基础上修改并新颁布了《建设项目环境保护管理条例》，同时废止了《建设项目环境保护管理办法》，它对“三同时”制度做了进一步的具体规定。

3. 限期治理制度

限期治理制度源于 1989 年中国《环境保护法》中的规定内容，是对现已存在危害环境的污染源，由法定机关做出决定，强令其在规定的期限内完成治理任务并达到规定要求的制度。限期治理的决定权由县级以上人民政府做出。其中，噪声污染防治法对于小型企事业单位的限期治理决定权做出了变通规定，可以由县级以上人民政府授权其环境保护行政主管部门决定。

4. 排污许可证

排污许可证，是指排污单位向环境保护行政主管部门提出申请后，环境保护行政主管部门经审查发放的允许排污单位排放一定数量污染物的凭证。排污许可证属于环境保护许可证中的重要组成部分。排污许可证制度是中国八项环境管理制度之一，全国范围内的排污许可证制度最早的试点工作始于2004年。2008年2月28日，《水污染防治法》的颁布标志着中国工业废水排污许可证制度的完善与科学污水排放标准的实施。2015年8月29日，《大气污染防治法》颁布，其中对工业废气的排放，规定名录中有毒大气污染物排放均执行排污许可证制度。2017年8月，中国环保部颁布了《固定污染源排污许可分类管理名录(2017年版)》，对其进行分批分步骤执行排污许可证管理。2017年底，建成了全国排污许可管理信息平台。

2.2.2 环境政策市场化工具手段

1. 排污收费

排污收费制度是指向环境排放污染物或超过规定的标准排放污染物的排污者，依照国家法律和有关规定按标准缴纳费用的制度。1979年，《中华人民共和国环保法(试行)》首次以法律的形式明确规定了对企业排污行为进行收费的制度。1982年，这项规定才得以落实，企业开始为自己肆意污染排放买单。为了使排污收费制度更好地适用于中国发展国情，2002年1月，国务院颁布了《排污费征收使用管理条例》，随着企业污染排放的复杂性不断增加，加之地方政府对排污收费的收缴力度差异性很大，2003年2月，国家发展计划委员会、财政部、国家环境保护总局、国家经济贸易委员会通过了正式文件《排污费征收标准管理办法》，财政部与国家环境保护总局共同颁布了《排污费资金收缴使用管理办法》。

2. 排污交易许可证

排污交易许可证制度是政府通过标准化污染排污权利，并许可这项权利可以通过有效的市场进行交易来实现排污资源的最优化配置，以此达到降低污染的目的。这项制度要求各个地方政府根据当地自身发展现实情况，核定出合理的自然界、社会可以承担容纳的环境污染物排放总量，再具体分配给当地企业污染排放产权，让其可以在规定的市场进行交易。但是，因为没有合理的环境污染排放物检测设施，各地没有健全的环境污染排放量的分配方案等，所以适合中国国情特色的排放物交易权许可制度并未有效实施。在相对污染控制发展较好的天津、上海等地区，逐步建立了排污交易中心。这些商业化运作交易平台以各类环境权益产品为标的物，不仅活跃了中国的排污权交易，也使排污权交易向市场化迈向了新的一步。

3. 押金返还

押金返还制度是指在产品销售时附加一项额外的费用，在回收这些产品废弃物时，把押金返还给购买者的一种制度安排。押金返还是一种经济激励的方式，鼓励难以监督的有污染危害的商品使用者对商品进行合理处理。押金返还制度一般有两个目的：一是阻止违法或不适当处置具有潜在危害的产品废弃物。不适当处置产品废弃物会产生更高的社会成本，如监督成本，而押金返还制度能将其产生的负外部性内部化。二是使部分废弃物可以循环利用，节约原材料，降低成本。

2.2.3　环境政策创新工具手段

1. 环境认证

随着环境污染的加剧及污染形式、内容的多元化与复杂化，特别是大范围的环境污染公害事件的频繁发生，逐步让公众意识到有效的环境保护离不开经济行为主体加强管理自身的经济等行为模式。20 世纪中期，世界各国为了应对逐渐恶化的生态环境，纷纷制定相关法律条文及对应环境标准，以强制性的手段来约束企业的经济行为，使得这些经济主体的经济行为有法可依，以此来改善环境。在这种环境标准规范化的国际趋势下，鉴于各国环境管理手段方式的不同，相对应的环境标准不统一，为了避免国际贸易的障碍，以及不合理贸易壁垒的滋生，国际标准化组织(ISO)在联合国可持续发展号召的背景下，在1993年6月成立了ISO/TC207环境管理技术委员会。该委员会正式开展环境管理标准的制定工作，希望通过环境管理工具的标准化工作，规范企业和社会团体等组织的自愿环境管理活动，促进组织环境绩效的改进，支持全球的可持续发展和环境保护工作。目前，中国的环境认证除了包括环境管理体系认证以外，还有环境标志认证。随着环境保护工作的不断发展、进步，中国也意识到了产品认证的重要性。

2. 环境听证制度

2004年7月，中国环境保护总局颁布《环保行政许可听证暂行办法》，这部管理办法是根据《中华人民共和国行政许可法》和《中华人民共和国环境影响评价法》等法律法规特别制定的。该管理办法以法规的形式保证公民参与环境政策制定的过程。2006年2月，中国环境保护总局颁布实施《环境影响评价公众参与暂行办法》，对公众参与项目、规划的环境影响评价范围、程序、组织形式等内容进行了相应的法律条例规定。2018年7月，中国生态环境部部务会议审议通过了《环境影响评价公众参与办法》，规范了在环境影响评价中公众参与和保障公众环境保护知情权、参与权、表达权和监督权。该办法于2019年1月1日起正式执行，《环境影响评价公众参与暂行办法》自此废止。

3. 自愿协议

自愿协议是目前国际上应用最多的一种非强制性节能措施，它可以有效地弥补行政手段的不足。自愿协议指的是整个工业部门或单个企业在自愿的基础上为提高能源效率与政府签订的一种协议，自愿协议的主要思路是，在政府的引导下，更多地利用企业的积极性来促进节能。它是政府和工业部门在其各自利益的驱动下自愿签订的。也可以看作在法律规定之外，企业“自愿”承担的节能环保义务。需要强调的一点是，自愿协议中的“自愿”并不是绝对的“自愿”，它所指的“自愿”是有条件的。自愿协议在全球十余个发达国家，如美国、加拿大、英国、德国等采用。此协议通过激励企业自觉节能的方式来达到节能减排、保护环境的目的。协议内容在不同国家甚至同一国家的不同情况下有所不同，主要包含整个工业部门或单个企业承诺在一定时间内达到某一节能目标，以及政府给予部门或单个企业以某种激励。

自愿协议能够在很短的时间内被很多国家所采用，并且越来越受到政府和工业部门的欢迎，是因为自愿协议具有其他政策和措施所不能比拟的独特之处：①灵活性好。工业部门参与自愿协议的动机通常是规避政府更严厉的政策法规。相对于政策法规的“硬”约束。工业部门更愿意选择“自愿”对政府承诺节能减排义务。②适用性强。自愿协议的灵活性决定了其应用范围广、形式多样、适用性强的特点。各国在引入自愿协议时，都可以在借鉴他国经验的基础上，结合本国特点研究出适用于本国的自愿协议。③低成本。与制定法律法规相比，政府通过自愿协议，可以用更低的费用更快地实现国家的节能和环保目标。而政策法规的贯彻实施也远比实施自愿协议的成本大得多。有关研究测算后发现，发达国家通过自愿协议实现每吨二氧化碳减排的成本约50美元，比采用其他措施，如单纯的补贴政策，节约成本90美元/吨二氧化碳减排。④兼顾节能与环保。在20世纪90年代，国际上对于减排二氧化碳的磋商还没有明确的意见时，许多欧洲国家就采用了自愿协议的方式，作为减排二氧化碳的国家政策。目前，欧美的节能自愿协议就是结合到减排温室气体自愿协议中的。⑤有利于发展政府与工业部门的关系。通过自愿协议，政府与工业部门实现了双赢，它们之间的合作关系不断加深，相互信任不断增强，在公众和市场中树立了良好的信誉和形象，从而为今后实现更大的发展目标奠定了基础。

2000年3月，中国节能协会在清理了中国节能法规和收集整理国外能效政策的基础上，开始探索如何结合国外的成功经验，立足我国国情，将自愿协议这一政策模式引入中国，并将山东省钢铁行业的两家大企业济南钢铁集团总公司和莱芜钢铁集团有限公司选为自愿协议政策试点企业。到2002年年底，试点项目的试点框架设计，包括自愿协议的相关方法，如中国自愿协议合同样本，企业节能潜力评估办法，行业(企业)节能目标设定方法，自愿协议的监督和实施管理办法等的研究已基本完成。2003 年 4 月，济南钢铁集团总公司，莱芜钢铁集团有限公司与山东省经贸委签订了自愿协议。两家企业承诺 3 年内节能 100 万吨标煤，比企业原定的目标多节能 14.3 万吨标煤。至此，中国的自愿协议进入试点实施阶段。2004 年年底，中国发展和改革委员会在制定的《节能中长期专项规划》中将“节能自愿协议”列为政府拟推行的节能新机制之一。2016 年 6 月，中国发展和改革委员会及 UNDP 共同启动的“中国终端能效项目”把在钢铁、化工、水泥行业开展自愿协议试点作为一项重要内容予以实施；同时，中国各省市也积极准备试行自愿协议。

4. 数据信息公开

2007 年 2 月 8 日，中国环境保护总局于 2007 年第一次局务会议通过《环境信息公开办法(试行)》，并于 2008 年 5 月 1 日起执行。该办法是为了推进和规范环境保护行政主管部门(以下简称环保部门)以及企业公开环境信息，维护公民、法人和其他组织获取环境信息的权益，推动公众参与环境保护，依据《中华人民共和国政府信息公开条例》《中华人民共和国清洁生产促进法》和《国务院关于落实科学发展观加强环境保护的决定》以及其他有关规定而制定。该办法对于推进和规范环保部门以及企业公开环境信息，维护公民、法人和其他组织获取环境信息的权益，推动公众参与环境保护提供了法律法规的依据。此办法中涉及的信息包括政府环境信息及企业环境信息两大类别。政府环境信息是指环保部门在履行环境保护职责中制作或者获取的，以一定形式记录、保存的信息；企业环境信息是指企业以一定形式记录、保存的，与企业经营活动产生的环境影响和企业环境行为有关的信息。

根据《中国的环境保护(1996—2005)》的规定，到 2005 年年底，要求中国所有地级以上城市全面实现空气质量自动监测工作，并根据要求每天发布日报；组织开展重点流域水质监测，发布十大流域水质月报和水质自动监测周报；定期开展南水北调东线水质监测工作；113 个环保重点城市开展集中式饮用水源地水质监测月报；建立环境质量季度分析制度，及时发布环境质量信息。各级政府和环保部门通过召开新闻发布会，及时通报相关环境信息，保障社会各界对环保的知情权。

对于企业而言，中国政府并非强制要求所有企业公开环境信息。各级政府会搜集、处理所管辖公司的相关环境信息，整理评级后向社会公开评级结果，以此激励公司自主改善环境绩效。《环境信息公开办法(试行)》规定，各级政府鼓励企业自愿公开下列企业环境信息：企业环境保护方针、年度环境保护目标及成效；企业年度资源消耗总量；企业环保投资和环境技术开发情况；企业排放污染物种类、数量、浓度和去向；企业环保设施的建设和运行情况；企业在生产过程中产生的废物的处理、处置情况，以及废弃产品的回收、综合利用情况；与环保部门签订的改善环境行为的自愿协议；企业履行社会责任的情况；企业自愿公开的其他环境信息。

2.3　环境政策的评述

不同于西方国家的自下而上的环境政策转变过程，中国因其特殊的国情及经济发展状况，环境政策的转变也具有特殊性：中国环境政策的演进是自上而下的过程(李勇进，等，2008)。中国经济发展初期的环境保护压力主要来自国际环保组织及环保贸易政策。随着经济的快速发展，经济与资源、环境之间的矛盾日益凸显，国内的资源和环境的压力也逐渐成为中国环境保护的动力。

中国环境保护政策的演变路径主要出现以下特点：

第一，中国工业环境污染的治理从最开始的“末端治理”向整个生产过程管控的转变，实施可持续发展的循环经济。最初的工业污染治理仅仅控制排放物的浓度，诸多生产厂商基于成本控制，宁愿多花钱缴纳罚款，也不愿进行污染治理。加之计划经济为主导下的经济生产过程多以粗放型为主，环境污染并未得到有效控制。“九五”期间，逐步限制资源消耗大、环境污染严重等落后产业，并利用政策优惠实施清洁生产的试点工作。与此同时，污染排放标准也实现了污染物浓度控制与总量控制相结合的转变。各级政府在国家指导下扶持低能耗污染少的高新技术产业和服务业，在保持经济发展的同时，逐步实现清洁发展的目标。

第二，环境污染治理范围由点治理扩展到整体区域的管制。直到20世纪80年代，中国环境污染治理的重点依旧在点源的管控，配合各种超标处罚标准，主张“谁污染，谁治理”的方式。自20世纪90年代开始，中国实施全国性的环境污染治理工作，同时建设较大规模的环境基础设施项目。“两控区”(二氧化硫控制区和酸雨控制区)管制的实施、重要河流湖泊区域的治理等环境治理工作使得环境污染从源头得到控制，环境恶化有所改善。

第三，环境污染控制由最初的以行政手段为主，到使用经济、法律等多种手段结合进行环境管制的转变。最初的环境治理只是由国家指导，各级政府及相关企业仅仅处于被动接受的地位，并且绝大部分为强制性的环保政策。环境污染控制效果仅仅在特定的政治经济背景下有效，不能满足现今环境保护发展的需要。以经济手段为主的污染控制手段，通过市场机制的作用，使得生产者寻求污染控制花费最经济的生产策略。环境污染生产者自行承担污染排放监控补救成本，激励其污染治理设施的改进或者减排技术的创新。

第四，环境污染控制理念从强调国家的管制作用到发挥各级地方政府、企业、居民的作用的转变。环境保护政策采取自上而下的推广方式并不能使得实施有效性得以保障；相反，由企业、公众等推动的环保政策则更能有效反映民意，更容易为大众接受。由公众参与、监督实施、评价等的环保政策真实地反映了居民的环保需要，是大势所趋，提高了环保监管的效率。同时，各级地方政府更为了解管辖区内的环境状况，在中央政府的指导下可以更有效地实现环境保护工作。

经过近三十几年的努力，中国的环境保护事业得到巨大的进步。但是诸多地区的环境污染恶化仍旧存在，很多环境管制问题仍需要合理有效地解决。具体来看，中国环境治理主要有以下不足：

第一，对应于不同地区环境的多样性与复杂性，现今的环境标准缺乏必要的针对性与目标性，导致环境治理效率不高。

第二，环境监管的执行力度不足，地方政府盲目追求经济发展而放松甚至牺牲环境的事件屡见不鲜，缺乏有效的激励机制管制污染。

第三，公众媒体参与度不高，监督权力有限，环境治理人人有责的意识仍需加强。

第 3 章　地方政府河长制执行策略演化博弈分析

河长制的执行涉及诸多利益主体，河长制的执行逐渐形成了企业治理污水与当地政府河长制执行策略的博弈，地方政府之间河长制执行策略的博弈。河长制作为地方政府政策创新之举，有其独特性因素，政策对博弈系统的影响及设计模型时的考虑因素均与现有研究不同。例如，有些省市人民政府颁布的河长制考核机制中有明显的奖惩规定，并直接与政绩挂钩，河长制工作执行不利的，情节严重者，会影响官员晋升，甚至终身追责。利益主体之间博弈行为呈现了长期性和动态性，因此，演化博弈模型是有效的分析工具。本研究利用演化博弈理论建立相关模型，探讨了企业污水治理与地方政府河长制执行，地方政府之间河长制执行决策的演化过程。针对这些策略行为的探讨，有助于从一个侧面揭示中国水污染治理的本质，更有利于提高地方水域治理与保护工作的效率。

3.1　地方政府与企业演化模型

3.1.1　模型假设与符号说明

1. 模型假设

河长制是由当地党政主要负责人兼任河长，负责其辖区内的河流水污染治理及水质保护。此制度起源于江苏省无锡市试点河长制治水的创新思路。随着无锡河长制改革的深入，2012 年 9 月 11 日，江苏省政府办公厅印发了《关于加强全省河道管理河长制工作意见的通知》，河长制在江苏省全境实施，形成了以省级河长、市级河长、县级河长、乡镇级河长与村级河长带头的五级联动河长制体系。随着江苏省河长制改革后辖区内水质的改善，全国其他省市地区开始了改革的试点。浙江省形成了最强大的河长阵容，拥有 6 名省级河长、199 名市级河长、2688 名县级河长、16417 名乡镇级河长及 42120 名村级河长，初步形成五级联动河长制系统。江西省形成了河长规格最高的治理体系，省委书记任省级总河长，省长任省级副总河长，7 位省领导分别担任“五河一湖一江”的河长。2016 年 10 月 11 日中央全面深化改革领导小组第 28 次会议文件《关于全面推行河长制的意见》的审议通过，意味着河长制由地方政府的创新行为上升为全国性的流域水环境治理和保护制度。

河长制是地方政府创新性的水污染治理模式，中央政府并没有统一规定执行形式，各个省级政府参照江苏的治理模式依据自身条件设置了不同的治理范式。如青海、云南、江西、江苏等省份采用以省级河长、市级河长、县级河长、乡镇级河长与村级河长带头的五级联动河长制管制体系，而四川、湖北、安徽、甘肃等省份采用了以省级河长、市级河长、县级河长及乡镇级河长带头的四级联动河长制管制体系，而上海只设置了三级联动河长制管制体系。河长制在不同省市区域启动的时间不同，不同区域河长制的制度安排也不尽相同，同时，河长制政策设计特点决定了河长的权威效应只在其辖区内有效。

从河长制试点地区的经验来看，强化监督检查，严格追究责任，是确保河长制工作落到实处、取得实效的重要保障。为此，各省市都建立了有效的河长制工作体系，明确每项任务的办理时限、质量要求、考核指标，加大督办力度，强化跟踪问责，确保各项工作有序推进、按时保质完成。绝大部分省市把河长制工作考核与辖区水资源管理制度考核有机结合起来，把考核结果作为地方党政领导干部综合考核评价的重要依据，同时利用合理的激励机制鼓励各级政府加大水污染管制力度。与此同时，各省市通过河湖管理保护信息发布平台、河长公示牌、社会媒体、社会监督员等多种方式，让辖区群众对河湖保护与改善情况进行实时监督。如山西省对于河长制工作的考核方式主要采取工作汇报、现场检查、查阅台账资料、召开座谈会等；考核项目主要包括：河长制制度落实情况(30分)、河长履职情况(30分)、目标任务完成情况(30分)、日常工作配合度评价(10分)。对于考核不合格的河长要明确整改措施及期限，根据连续考核不合格的次数与考核结果，考虑给予诫勉谈话、预警提示、通报批评的惩罚，情节严重者，对其工作岗位进行调整，并在两年内不予提拔重用。更甚者，对生态环境造成损害的河长，将采用终身追责制给予惩戒；同样，对于优秀河长，则会有相应的精神及物质奖励。

在河长制制度安排下，地方政府会对辖区内水体质量负责，同时接受上级政府及公众的监督。企业在相关国家规制的指导下按照排污标准排放污水，地方政府会对其排放污水的行为按照一定的标准征收排污费。其本质目的还是促使水排污企业将外部成本内在化。

为了合理设置地方政府与水排污企业之间的演化博弈模型，本书设置了以下假定：①同一省级政府所管辖的区域河长制管制体系相同，对于河长制执行情况的考核标准相同；②在严格的河长制安排下，地方政府除了监管辖区水排污企业，还需治理、改善现有水域等各种工作，地方政府没有不执行河长制工作安排的可能，否则将面临巨大的政治、经济惩戒；同样，辖区内水排污企业对自身污水也不存在完全不治理的可能；③水排污企业基于成本最小化的经济目标，完全治理污水的目标就是达到政府设定的水污染排放标准；④河长制下的地方政府考核除了经济考核指标外，还有水环境质量的指标；⑤所有参数在研究样本期间处于同一个政策周期内，不会随着时间的推移而发生改变；⑥地方政府严格执行河长制的各项工作安排是可以使得辖区内水污染得到控制，水质得到明显提高；⑦地方政府在不完全执行河长制工作时，产生的管制成本(包括执行成本、治理污水成本等)大于完成严格执行河长制工作产生的相关成本(此时，地方政府对于放松管制带来更多污水排放治理发生的成本大于不严格监管所减少的执行成本）。

2. 符号说明

根据地方政府与水排污企业之间的演化博弈问题的描述，本书将相关参数设定如下：

c_A——地方政府A严格执行河长制工作所产生的执行成本，包括河长制工作开展过程中的运行成本与水污染治理成本。其中，运行成本包括河长制工作执行中，地方政府投入的人力、物力、财力等资源。除了包括治理辖区内污染水体的成本外，还包含污水排放管道改造、设施建设等成本。

c——地方政府A辖区内水排污企业完全治理污水的成本。

h_1——地方政府A辖区内水排污企业完全治理污水后的污水排放量。即使企业对自身污水进行了完全治理，达到了排放标准，排放污水中也会含有污染物质。

h_2——地方政府A辖区内水排污企业不完全治理污水后的污水排放量。根据实际情况存在$h_2 > h_1$。

θ——辖区内污水排放收费费率①。

α——地方政府A政绩考核中河长制工作考核指标的权重系数。此时，$0 < \alpha < 1$。

β——地方政府A政绩考核中经济考核指标的权重系数。此时，$0 < \beta < 1$。

λ——地方政府A河长制工作执行力度的系数。根据前文论述，$0 < \lambda \leqslant 1$。

δ——地方政府A辖区内水排污企业治理污水的力度系数，$0 < \delta \leqslant 1$。

η——地方政府A不完全执行河长制，导致更多污水排放带来的成本

① 2018年1月1日起，《中华人民共和国环境保护税法》施行，在全国范围对大气污染物、水污染物、固体废物和噪声等4大类污染物，共计117种主要污染因子进行征税。

增加的系数。$\eta > 1$。地方政府没有完全执行河长制会导致更多的污水排放，从而为了政绩等目标，其治污成本也相应增加。

x——地方政府 A 辖区内水排污企业选择完全治理污水的比例。

y——地方政府 A 辖区内各级河长选择完全执行河长制工作的比例。

3.1.2 河长制改革下地方政府与企业的模型分析

在河长制安排指导下，地方政府与排污企业的演化博弈行为中，地方政府对企业污水排放的管制分为严格执行河长制工作，高频监管企业排污行为，严格管制污水排放；不完全执行河长制工作安排，低频监管企业排污行为，放松对污水的排放管制。地方政府对河长制工作执行情况的策略集为{严格执行河长制，不严格执行河长制}。地方政府经济来源于各类企业的生产活动，这包括污水排放企业，企业的经济效益一定程度上反映了所在辖区地方政府的经济水平，这也是地方政府政绩中很重要的一部分。在中国式分权体制下，政治集权与经济分权给予地方政府在经济事务上很大的裁决权，通过政绩考核制度指导激励地方政府的行为。经济发展指标意味着地方政府要通过发展辖区企业经济来实现目标，而河长制下的水质量考核指标又要求地方政府合理管制企业污水排放量。因此，水排污企业的经济收益与污水排放量是影响地方政府支付水平的重要因素。在地方政府严格执行河长制与不严格执行河长制的策略决策下，水排污企业就形成了策略集{完全治污水，不完全治污水}。

在河长制安排下，地方政府与水排污企业之间的博弈行为是随机匹配，相互影响的重复博弈过程，两者之间的决策调整过程可以用复制动态机制来模拟。当地方政府 A 选择严格执行河长制工作管制辖区内企业水排污行为时，会有一定比例的水排污企业选择完全治理污水，进而地方政府 A 管辖内的污水排放量降低，水体水质得到提高。若地方政府 A 选择不严格执行河长制，就会有一定比例的企业选择不完全治理水污染，进而地方政府 A 管辖内的污水排放量会增加，水体水质恶化。地方政府 A 选择严格执行河长制工作同时水排污企业也选择完全治理污水时，水排污企业将产生完全治理污水成本与合理排污水的成本，即 $c+\theta h_1$；而地方政府A将会产生各种河长制执行成本：水排污企业完全治理污水带来自身经济损失使得地方政府的经济政绩所发生的损失 $\beta(c+\theta h_1)$，企业排污水从而给地方政府环境指标考核带来的损失 αh_1，以及企业合理排污收费的收益 θh_1。

地方政府A选择严格执行河长制工作同时水排污企业选择不完全治理污水时，水排污企业将产生部分治理污水成本(此时的治污成本主要与企业治理污水的力度有关)与排污水的成本，即 $\delta c+\theta h_2$；而地方政府A将会产生各种河长制执行成本：水排污企业不完全治理污水带来自身经济损失使得地方政府的经济政绩所发生的损失 $\beta(\delta c+\theta h_2)$，企业排污水从而给地方政府环境指标考核带来的损失 αh_2，以及企业合理排污收费的收益 θh_2。

地方政府A选择不严格执行河长制工作同时水排污企业选择完全治理污水时，水排污企业将产生完全治理污水成本与合理排污水的成本，此时，企业因地方政府监管的不严格排污成本有所降低，降低幅度与监管力度相关，总成本即 $c+\theta\lambda h_1$；而地方政府A成本会有所提高，总成本设置为 ηc_A，水排污企业完全治理污水带来自身经济损失使得地方政府的经济政绩所发生的损失为 $\beta(c+\theta\lambda h_1)$，企业排污水从而给地方政府环境指标考核带来的损失 αh_1，以及企业排污收费的收益 $\theta\lambda h_1$，此时的收益由于地方政府的放松管制会产生部分损失，损失力度与河长制执行力度直接相关。

地方政府A选择不严格执行河长制工作同时水排污企业选择不完全治理污水时，水排污企业将产生部分治理污水成本与排污水的成本，即 $\delta c+\theta\lambda h_2$；而地方政府A将会产生部分河长制执行成本，水排污企业完全治理污水带来自身经济损失使得地方政府的经济政绩所发生的损失，企业排污水从而给地方政府环境指标考核带来的损失 αh_2，以及企业排污收费的收益 $\theta\lambda h_2$。重复在地方政府A与其辖区内水排污企业两个群体中随机选择参与者进行博弈。在2×2非对称重复博弈中，其阶段博弈的支付矩阵如表3-1所示。

表 3-1　　地方政府与企业阶段博弈支付矩阵

	地方政府 A 严格执行河长制	地方政府 A 不严格执行河长制
企业完全治污水	$-c-\theta h_1$, $-c_A-\beta(c+\theta h_1)-\alpha h_1+\theta h_1$	$-c-\theta\lambda h_1$, $-\eta c_A-\beta(c+\theta\lambda h_1)-\alpha h_1+\theta\lambda h_1$
企业不完全治污水	$-\delta c-\theta h_2$, $-c_A-\beta(\delta c+\theta h_2)-\alpha h_2+\theta h_2$	$-\delta c-\theta\lambda h_2$, $-\eta c_A-\beta(\delta c+\theta\lambda h_2)-\alpha h_2+\theta\lambda h_2$

地方政府 A 辖区内水排污企业选择完全治理污水的比例是 x，那么辖区内选择不完全治理污水的水排污企业比例则为 $1-x$；地方政府 A 辖区内各级河长选择完全执行河长制工作的比例是 y，那么地方政府 A 辖区内各级河长选择不完全执行河长制工作的比例是 $1-y$。下面利用复制动态模型模拟水排污企业与地方政府 A 之间的有限理性重复博弈过程。

水排污企业选择完全治理污水的期望收益是：

$$U_1=y(-c-\theta h_1)+(1-y)(-c-\theta\lambda h_1) \tag{3-1}$$

水排污企业选择不完全治理污水的期望收益是：

$$U_2=y(-\delta c-\theta h_2)+(1-y)(-\delta c-\theta\lambda h_2) \tag{3-2}$$

水排污企业的污水治理平均期望收益是：

$$\overline{U}_{12}=xU_1+(1-x)U_2 \tag{3-3}$$

水排污企业选择完全治理污水的复制动态方程是：

$$F(x)=\frac{\mathrm{d}x}{\mathrm{d}t}=x(U_1-\overline{U}_{12})=x(1-x)(U_1-U_2) \tag{3-4}$$

将式(3-1)、式(3-2)带入式(3-4)，经过计算可得到：

$$F(x)=x(1-x)[\theta(h_2-h_1)(y-y\lambda+\lambda)-c(1-\delta)] \tag{3-5}$$

地方政府 A 内河长选择完全执行河长制工作的期望收益是：

$$\begin{aligned}U_{A1}=&x[-c_A-\beta(c+\theta h_1)-\alpha h_1+\theta h_1]\\&+(1-x)[-c_A-\beta(\delta c+\theta h_2)-\alpha h_2+\theta h_2]\end{aligned} \tag{3-6}$$

地方政府 A 内河长选择不完全执行河长制工作的期望收益是：

$$U_{A2}=x[-\eta c_A-\beta(c+\theta\lambda h_1)-\alpha h_1+\theta\lambda h_1]$$

$$+(1-x)[-\eta c_A-\beta(\delta c+\theta\lambda h_2)-\alpha h_2+\theta\lambda h_2] \quad (3\text{-}7)$$

地方政府 A 执行河长制的平均期望收益是：

$$\overline{U}_{A12}=yU_{A1}+(1-y)U_{A2} \quad (3\text{-}8)$$

地方政府 A 选择完全治理污水的复制动态方程是：

$$F(y)=\frac{\mathrm{d}y}{\mathrm{d}t}=y(U_{A1}-\overline{U}_{A12})=y(1-y)(U_{A1}-U_{A2}) \quad (3\text{-}9)$$

将式(3-6)、式(3-7)带入式(3-9)，经过计算可得到：

$$F(y)=y(1-y)\{\theta(1-\lambda)(1-\beta)[h_2(1-x)+xh_1]+c_A(\eta-1)\} \quad (3\text{-}10)$$

式(3-5)与式(3-10)联立，可以得到水污染企业与地方政府 A 的复制动力系统：

$$\begin{cases}F(x)=x(1-x)[\theta(h_2-h_1)(y-y\lambda+\lambda)-c(1-\delta)]\\F(y)=y(1-y)\{\theta(1-\lambda)(1-\beta)[h_2(1-x)+xh_1]+c_A(\eta-1)\}\end{cases} \quad (3\text{-}11)$$

对式(3-11)进行联合求导后设置为 0，分别求出水污染企业与地方政府 A 博弈行为的 5 个局部稳定状态点，分别为 $O(0,0)$，$A(1,0)$，$B(1,1)$，$C(0,1)$，$D(x^*,y^*)$，其中，$x^*=\dfrac{c_A(\eta-1)+\theta h_2(1-\lambda)(1-\beta)}{\theta(h_2-h_1)(1-\lambda)(1-\beta)}$，$y^*=\dfrac{c(1-\delta)-\lambda\theta(h_2-h_1)}{\theta(h_2-h_1)(1-\lambda)}$。这 5 个局部稳定状态点中有 2 个是演化的稳定状态策略，分别是 $O(0,\ 0)$ 与 $B(1,\ 1)$，对应着水排污企业与地方政府 A 的策略集为{不完全治污，不完全执行河长制}与{完全治污，完全执行河长制}。图 3-1 描述了水排污企业与地方政府 A 博弈的动态演化过程。

从图 3-1 可以看出，水排污企业与地方政府 A 之间的演化博弈过程在 2 个稳定状态策略点下有 4 个演化路径。折线 *ADC* 是整个系统不同状态演化的临界线，在折线 *ADC* 的右侧区域 *ADCB* 区间内，系统向 $B(1,\ 1)$ 稳定点演化，即演化至策略集{完全治污，完全执行河长制}；而在折线 *ADC* 的左侧区域 *ADCO* 区间内，系统向 $O(0,\ 0)$ 稳定点演化，即演化至策略集

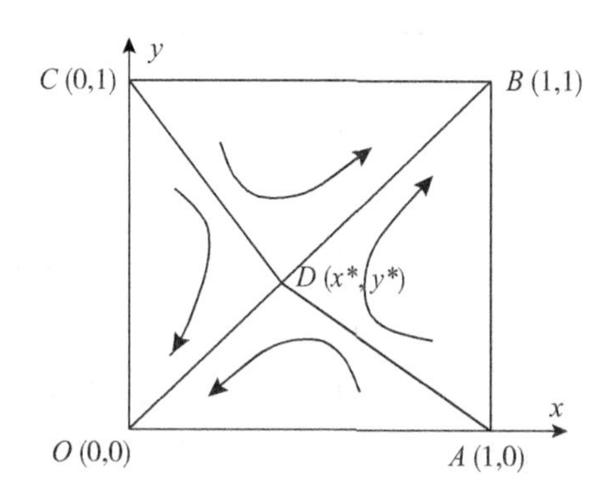

图 3-1　水排污企业与地方政府 A 演化博弈相位图

{不完全治污，不完全执行河长制}。

由此可见，水排污企业与地方政府 A 之间博弈过程如何演化受到以下两个因素的影响：一是系统的初始状态；二是局部均衡点 D 的相对位置。当双方初始博弈状态在区域 $ADCO$ 中时，水排污企业与地方政府 A 博弈的稳定策略向“囚徒困境”演化，双方都不完全执行污水的改善工作是稳定策略，暂时达到均衡状态。若双方初始博弈状态在区域 $ADCB$ 中时，水排污企业与地方政府 A 博弈的稳定策略向“帕累托最优”演化，双方都完全执行污水的改善工作是稳定策略，达到最优的均衡状态。通过以上分析可以看出，水排污企业与地方政府 A 博弈的最终结果存在两个可能，那么双方博弈的演化路径与方向的选择还取决于 D 点的相对位置。D 点的相对位置直接控制了区域 $ADCO$ 与区域 $ADCB$ 区间面积的大小，当 $ADCO$ 区间面积大于 $ADCB$ 区间面积时，系统会向 $O(0,\ 0)$ 稳定点演化；当 $ADCO$ 区间面积小于 $ADCB$ 区间面积时，系统会向 $B(1,\ 1)$ 稳定点演化；当 $ADCO$ 区间面积等于 $ADCB$ 区间面积时，系统的演化方法存在不确定性。

为了进一步分析水排污企业与地方政府 A 之间演化博弈路径的影响因素，需要讨论局部均衡点 D 的参数变化对区域 $ADCB$ 区间面积大小的影响，其中 $ADCO$ 区间面积大小为 $(x^* + y^*)/2$。表 3-2 衡量了 D 点的参数变化对 $ADCB$ 区间面积的影响。

表3-2　　参数变化对企业与地方政府间演化策略的影响

参数变化	D点变化	ADCB区间面积变化	博弈策略
c ↓	y^* ↓	↑	{完全治污,完全执行河长制}
c_A ↓	x^* ↓	↑	{完全治污,完全执行河长制}
δ ↑	y^* ↓	↑	{完全治污,完全执行河长制}
λ ↑	x^* ↑;y^* ↓	不定	不定
θ ↑	x^* ↓;y^* ↓	↑	{完全治污,完全执行河长制}
h_2 ↑	x^* ↓;y^* ↓	↑	{完全治污,完全执行河长制}
h_1 ↓	x^* ↓;y^* ↓	↑	{完全治污,完全执行河长制}
β ↓	x^* ↓	↑	{完全治污,完全执行河长制}
η ↓	x^* ↓	↑	{完全治污,完全执行河长制}

从表3-2可以看出，影响企业治理污水与地方政府A河长制执行策略的演化博弈影响因素有企业完全治污水的成本、地方政府执行河长制的成本、水排污企业治理污水的力度、企业污水排放收费费率、地方政府政绩考核中经济指标的权重、地方政府不严格执行河长制导致治污成本增加的比重以及企业排污水的数量。其中，河长制工作执行的力度并没有对系统的博弈策略有固定的影响方向。总的来说，降低水排污企业完全治污水的成本、地方政府执行河长制的成本、放松河长制导致治污成本增加的比重(一定程度上讲，这也是地方政府污水管制的成本)可以使得D点值改变导致区域$ADCB$面积增加，排污企业与地方政府A动态博弈的策略更容易向{完全治污，完全执行河长制}方向演进。对于排污企业来讲，治理污水与否，与行动成本直接相关，在追求成本最小化或者利润最大化的过程中，任何增加成本的行为都是需要被慎重考虑的，完全治理污水成本的降低给了企业一个选择治污的契机，在相关政策的配合下，才会使得企业选择完全治理污水策略。而对于地方政府来说，在当今中国式分权体制下，政治集权与经济分权的特点，使得地方政府在一定政治目标诉求下追求地方经

济利益最大化。同样，河长制工作执行成本的降低会激励地方政府选择完全执行河长制完成污水治理目标。对于地方政府政绩考核中经济指标比重的降低(相应地，其他非经济类考核指标比重会增加)，会引导地方政府把地方事务的工作重心稍微向非经济类事务转移，如水污染治理等，增加地方政府倾向于完全执行河长制工作的可能。排污企业与地方政府 A 双方动态博弈的稳定策略就是，企业自身治理污水力度增加的同时，地方政府也选择完全执行河长制的策略。企业污水排放收费费率的提高增加了企业的排污成本，到达一定界点后，企业宁愿选择完全治理污水而非成本更高的排污收费，迫使博弈系统双方选择最优稳定策略集。对于企业而言，完全治理污水后排污收费成本就变小，更倾向于选择完全治理策略。企业与地方政府 A 博弈的稳定状态就是最优策略集。企业选择不完全治污排放的污水量越多，意味着不变的排污收费率下缴纳更多的费用，水排污企业与地方政府 A 动态博弈的结果是双方都逐渐选择最优策略{完全治污，完全执行河长制}。

3.2 地方政府间演化博弈模型

3.2.1 模型假设与符号说明

1. 模型假设

为了合理设置地方政府之间的演化博弈模型，除了前部分的研究假设外，本书还根据实际河长制执行情况设置以下内容：

(1)假定地方政府在考虑成本最小化的前提下，完全执行河长制所做的最高目标就是达到上级政府设置的水质标准。

(2)在河长制安排下，地方政府严格执行河长制会得到上级政府的奖励，给地方政府带来实质利益；而不完全执行河长制则意味着不能达到既定水质目标会受到惩罚，给地方政府带来损失。

(3)假定上级政府对于地方政府A与地方政府B是否严格执行河长制工作的信息是可以完全了解到的，信息的获得来源于考核地方政府河长制执行情况时对水质的监测结果的反推。

2. 符号说明

c_B是地方政府B严格执行河长制工作所产生的执行成本，包括河长制工作开展过程中的运行成本与水污染治理成本。

Q是上级政府对严格执行河长制各项工作的地方政府在考核后给予的物质与精神奖励，此奖励给地方政府带来实质的好处。

G是地方政府A严格执行河长制使得企业自行治理污水从而给当地经济带来的损失。

G'是地方政府B严格执行河长制使得企业自行治理污水从而给当地经济带来的损失。

L是上级政府对不完全执行河长制各项工作的地方政府在考核后给予的惩罚，此惩罚给地方政府带来损失。

w_A是地方政府A严格执行河长制对地方政府B的水环境带来的外部性效应系数。

w'_A是地方政府A不完全执行河长制对地方政府B的水环境带来的外部性效应系数。

w_B是地方政府B严格执行河长制作对地方政府A的水环境带来的外部性效应系数。

w'_B是地方政府B不完全执行河长制对地方政府A的水环境带来的外部性效应系数。

H_A是地方政府A严格执行河长制工作的污水排放量。

H'_A是地方政府A不完全执行河长制工作后的污水排放量。根据实际情况，$H'_A > H_A$。

H_B是地方政府B严格执行河长制工作的污水排放量。

H'_B 是地方政府 B 不完全执行河长制工作后的污水排放量。根据实际情况，$H'_B > H_B$。

λ' 是地方政府 B 河长制工作执行的力度系数。根据前文论述，$0 < \lambda' \leq 1$。

η' 是地方政府 B 不完全执行河长制，导致更多污水排放带来的成本增加的系数。$\eta' > 1$。

z 是地方政府 B 辖区内各级河长选择完全执行河长制工作的比例。

3.2.2 河长制改革下地方政府间的模型分析

前文已述，在河长制的制度安排下，地方政府对河长制工作执行情况的策略集为{严格执行河长制，不严格执行河长制}。中国现有政治及河长制监管体制下，地方政府既要发展地方经济，也要顾及水环境质量。地方政府对河长制的执行程度直接与当地水质情况相关。地方政府的经济收益源于当地企业的发展，现有污水排放量、政绩考核指标等都将影响地方政府的支付水平。与此同时，鉴于水污染流域外部性的特点，上游污水排放的变化势必影响下游水环境，但是下游的水质只会影响更低水势的区域，不会影响上游地区。这意味着地方政府水质除了受当地排污水企业的影响，相邻地方政府外部性也可能会有影响。

在河长制制度安排下，地方政府之间的博弈也是官员之间随机配对、相互学习、相互影响的重复博弈过程，其策略的选择调整过程也是可以利用复制动态博弈模型来模拟的。当地方政府 A 选择严格执行河长制工作管制辖区内水排污行为时，会有一定比例的水排污行为选择治理污水后排放，进而地方政府管辖内的污水排放量降低，水体水质得到提高。相邻地方政府 B 因 A 辖区的水质变好而有一定比例河长选择完全执行政策，以期当地水质改善。地方政府 A 选择不严格执行河长制工作管制辖区内水排污行为时，相邻的地方政府 B 也会有一定比例的河长选择效仿，不完全执行河长制。地方政府 A 选择严格执行河长制工作同时地方政府 B 也选择严格执行河长制工作时，地方政府A将会产生各种河长制执行成本 c_A，河长制执行下污水排放导致地方政府水环境指标考核的损失 αH_A，河长制执行导致的经济损失使得地方政府的经济政绩所发生的损失 βG，地方政府B执行河长制下水排污对地方政府A水质的外部性损失，这个损失对其环境指标考核同样有影响 $\alpha w_B H_B$，以及合理排污收费的收益 θH_A 及上级政府对其河长制工作成果的奖励 Q。此时，地方政府B的支付矩阵的设置与地方政府A有同样的考虑因素。

当地方政府A选择严格执行河长制工作同时地方政府B选择不严格执行河长制工作时，地方政府A将会产生各种河长制执行成本，河长制执行下污水排放导致地方政府水环境指标考核的损失，河长制执行导致的经济损失使得地方政府的经济政绩所发生的损失，地方政府B不严格执行河长制下排放更多污水对地方政府A水质的外部性损失 $w'_B H'_B$，以及合理排污收费的收益。此时，由于地方政府B的外部性影响，地方政府A不会因为严格执行河长制而得到奖励。而由于地方政府B没有严格执行河长制，没有达到上级政府要求的水质标准，将会受到惩罚 L。

地方政府A选择不严格执行河长制工作同时地方政府B选择严格执行河长制工作时，地方政府A产生的各种河长制执行成本为 ηc_A，河长制执行下污水排放导致地方政府水环境指标考核的损失 $\alpha H'_A$，河长制执行导致的经济损失使得地方政府的经济政绩发生损失 $\beta\lambda G$，地方政府B执行河长制下水排污对地方政府A水质的外部性损失，以及水排污收费的收益及上级政府对其没有严格执行河长制受到的惩罚 L。在这种情况下，地方政府B受到地方政府A的外部性损失为 $w'_A H'_A$，此时，由于地方政府A的外部性影响，地方政府B不会因为严格执行河长制得到奖励。

地方政府双方都不严格执行河长制，除了正常的成本收益外，双方都会受到对方的外部性影响，以及上级政府对其的惩罚。重复在地方政府A与其辖区内水排污企业两个群体中随机选择参与者进行博弈。在2×2非对称重复博弈中，其阶段博弈的支付矩阵如表3-3所示。

表 3-3 **地方政府之间博弈支付矩阵**

地方政府	B 严格执行河长制	B 不严格执行河长制
A 严格执行河长制	$-c_A+\theta H_A-\alpha H_A-\beta G-\alpha w_B H_B+Q$, $-c_B+\theta H_B-\alpha H_B-\beta G'-\alpha w_A H_A+Q$	$-c_A+\theta H_A-\alpha H_A-\beta G-\alpha w'_B H'_B$, $-\eta' c_B+\theta H'_B-\alpha H'_B-\beta\lambda' G'-\alpha w_A H_A-L$
A 不严格执行河长制	$-\eta c_A+\theta H'_A-\alpha H'_A-\beta\lambda G-\alpha w_B H_B-L$, $-c_B+\theta H_B-\alpha H_B-\beta G'-\alpha w'_A H'_A$	$-\eta c_A+\theta H'_A-\alpha H'_A-\beta\lambda G-\alpha w'_B H'_B-L$, $-\eta' c_B+\theta H'_B-\alpha H'_B-\beta\lambda' G'-\alpha w'_A H'_A-L$

地方政府 B 辖区内各级河长选择完全执行河长制工作的比例是 z，那么地方政府 B 辖区内各级河长选择不完全执行河长制工作的比例是 $1-z$。下面利用复制动态模型模拟地方政府 A 与地方政府 B 之间的有限理性重复博弈过程。

地方政府 A 选择完全执行河长制工作的期望收益是：

$$U'_{A1}=z(-c_A+\theta H_A-\alpha H_A-\beta G-\alpha w_B H_B+Q)+(1-z)(-c_A+\theta H_A-\alpha H_A-\beta G-\alpha w'_B H'_B) \tag{3-12}$$

地方政府 A 选择不完全执行河长制工作的期望收益是：

$$U'_{A2}=z(-\eta c_A+\theta H'_A-\alpha H'_A-\beta\lambda G-\alpha w_B H_B-L)+(1-z)(-\eta c_A+\theta H'_A-\alpha H'_A-\beta\lambda G-\alpha w'_B H'_B-L) \tag{3-13}$$

地方政府 A 执行河长制工作的平均期望收益是：

$$\overline{U'}_{A12}=yU'_{A1}+(1-y)U'_{A2} \tag{3-14}$$

地方政府 A 执行河长制工作的复制动态方程是：

$$F(y)=\frac{\mathrm{d}y}{\mathrm{d}t}=y(U'_{A1}-\overline{U'}_{A12})=y(1-y)(U'_{A1}-U'_{A2}) \tag{3-15}$$

将式(3-12)、式(3-13)带入式(3-15)，经过计算可得到：

$$F(y)=y(1-y)[(\eta-1)c_A+(\theta-\alpha)(H_A-H'_A)-(1-\lambda)\beta G+L+zQ] \tag{3-16}$$

地方政府 B 选择完全执行河长制工作的期望收益是：

$$U_{B1}=y(-c_B+\theta H_B-\alpha H_B-\beta G'-\alpha w_A H_A+Q)+(1-y)(-c_B+\theta H_B-\alpha H_B-\beta G'-\alpha w'_A H'_A) \tag{3-17}$$

地方政府 B 选择不完全执行河长制工作的期望收益是：

$$U_{B2}=y(-\eta' c_B+\theta H'_B-\alpha H'_B-\beta\lambda' G'-\alpha w_A H_A-L)+(1-y)(-\eta' c_B+\theta H'_B-\alpha H'_B-\beta\lambda' G'-\alpha w'_A H'_A-L) \tag{3-18}$$

地方政府 B 执行河长制的平均期望收益是：

$$\overline{U}_{B12}=zU_{B1}+(1-z)U_{B2} \tag{3-19}$$

地方政府 B 选择完全治理污水的复制动态方程是：

$$F(z)=\frac{dz}{dt}=z(U_{B1}-\overline{U}_{B12})=z(1-z)(U_{B1}-U_{B2}) \tag{3-20}$$

将式(3-17)、式(3-18)带入式(3-20)，经过计算可得到：

$$F(z)=z(1-z)[(\eta'-1)c_B+(\theta-\alpha)(H_B-H'_B)-(1-\lambda')\beta G'+L+yQ] \tag{3-21}$$

式(3-16)与式(3-21)联立，可以得到地方政府 A 与地方政府 B 的复制动力系统：

$$\begin{cases}F(y)=y(1-y)[(\eta-1)c_A+(\theta-\alpha)(H_A-H'_A)-(1-\lambda)\beta G+L+zQ]\\F(z)=z(1-z)[(\eta'-1)c_B+(\theta-\alpha)(H_B-H'_B)-(1-\lambda')\beta G'+L+yQ]\end{cases} \tag{3-22}$$

对式(3-22)进行联合求导后设置为 0，分别求出地方政府之间博弈行为的 5 个局部稳定状态点 $O(0,0)$, $A(1,0)$, $B(1,1)$, $C(0,1)$, $D(x_D,y_D)$，其中：

$$x_D=\frac{c_A(1-\eta)+(\theta-\alpha)(H'_A-H_A)+(1-\lambda)\beta G-L}{Q}$$

$$y_D=\frac{c_B(1-\eta')+(\theta-\alpha)(H'_B-H_B)+(1-\lambda')\beta G'-L}{Q}$$

$O(0,\ 0)$ 与 $B(1,\ 1)$ 是演化的稳定状态策略，分别对应着地方政府 A 与地方政府 B 的策略集为{不完全执行河长制，不完全执行河长制}与{完全执行河长制，完全执行河长制}。图 3-2 描述了地方政府之间博弈演化过程。

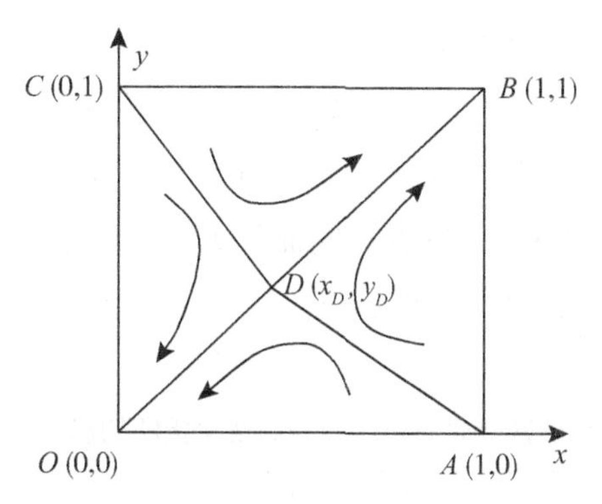

图 3-2 地方政府之间演化博弈相位图

从图 3-2 可以看出，地方政府 A 与地方政府 B 之间的演化博弈过程在 2 个稳定状态策略点下也有 4 个演化路径。折线 *ADC* 是整个系统不同状态演化的临界线，在折线 *ADC* 的右侧区域 *ADCB* 区间内，系统向 $B(1, 1)$ 稳定点演化，即演化至策略集{完全执行河长制，完全执行河长制}；而在折线 *ADC* 的左侧区域 *ADCO* 区间内，系统向 $O(0, 0)$ 稳定点演化，即演化至策略集{不完全执行河长制，不完全执行河长制}。当地方政府 A 或者地方政府 B 不完全执行河长制，而导致河长制的执行成本急剧增加时，地方政府会倾向于策略集{完全执行河长制，完全执行河长制}，以此达到均衡状态。

由此可见，地方政府之间博弈过程如何演化受到以下两个因素的影响：一是系统的初始状态；二是局部均衡点 *D* 的相对位置。当双方初始博弈状态在区域 *ADCO* 中时，地方政府间博弈的稳定策略向“囚徒困境”演化，双方都不完全执行河长制工作是稳定策略，暂时达到均衡状态。当双方初始博弈状态在区域 *ADCB* 中时，地方政府间博弈的稳定策略向“帕累托最优”演化，双方都完全执行河长制工作是稳定策略，达到最优的均衡状态。通过以上分析可以看出，地方政府之间博弈的最终结果存在两个可能，同时双方博弈的演化路径与方向的选择还取决于 *D* 点的相对位置。*D* 点的相对位置直接控制了区域 *ADCO* 与区域 *ADCB* 区间面积的大小，当

ADCO 区间面积大于 *ADCB* 区间面积时，系统会向 $O(0, 0)$ 稳定点演化；当 *ADCO* 区间面积小于 *ADCB* 区间面积时，系统会向 $B(1, 1)$ 稳定点演化；当 *ADCO* 区间面积等于 *ADCB* 区间面积时，系统的演化方法存在未知性。为了进一步分析地方政府之间演化博弈路径的影响因素，需要讨论局部均衡点 *D* 的参数变化对区域 *ADCB* 区间面积大小的影响。表 3-4 衡量了 *D* 点的参数变化对 *ADCB* 区间面积的影响。

表 3-4　　**参数变化对地方政府间演化策略的影响**

参数变化	*D* 点变化	*ADCB* 区间面积变化	博弈策略
c_A ↓	z^* ↓	↑	{完全执行河长制,完全执行河长制}
c_B ↓	y^* ↓	↑	{完全执行河长制,完全执行河长制}
λ ↑	z^* ↓	↑	{完全执行河长制,完全执行河长制}
λ' ↑	y^* ↓	↑	{完全执行河长制,完全执行河长制}
θ ↓	y^* ↓;z^* ↓	↑	{完全执行河长制,完全执行河长制}
α ↑	y^* ↓;z^* ↓	↑	{完全执行河长制,完全执行河长制}
β ↓	y^* ↓;z^* ↓	↑	{完全执行河长制,完全执行河长制}
η ↑	z^* ↓	↑	{完全执行河长制,完全执行河长制}
η' ↑	y^* ↓	↑	{完全执行河长制,完全执行河长制}
H'_A ↓	z^* ↓	↑	{完全执行河长制,完全执行河长制}
H_A ↑	z^* ↓	↑	{完全执行河长制,完全执行河长制}
H'_B ↓	y^* ↓	↑	{完全执行河长制,完全执行河长制}
H_B ↑	y^* ↓	↑	{完全执行河长制,完全执行河长制}
Q ↑	y^* ↓;z^* ↓	↑	{完全执行河长制,完全执行河长制}
L ↑	y^* ↓;z^* ↓	↑	{完全执行河长制,完全执行河长制}
G ↓	z^* ↓	↑	{完全执行河长制,完全执行河长制}
G' ↓	y^* ↓	↑	{完全执行河长制,完全执行河长制}

影响地方政府之间河长制执行情况的演化博弈的影响因素见表 3-4。可以看出，无论是降低地方政府 A 还是地方政府 B 的河长制执行成本，都可以促使 D 点值的相对位置改变，偏向 O 点，最终导致区域 $ADCB$ 面积增加，地方政府之间动态博弈的策略更容易向{完全执行河长制，完全执行河长制}方向演进。在河长制与财政分权的体制下，一方面地方政府不完全执行河长制会降低部分监管等成本；另一方面，追求财政利益最大化的地方政府会因为治理污水成本的增加额度，最终远远大于排污水企业因合理治理污水带来的经济损失，选择完全执行河长制使得地方利益最大化。当然，在其他影响因素不变的前提下，无论是地方政府 A 还是地方政府 B 严格执行河长制使得企业不得不治理污水从而给当地经济带来的损失越小，地方政府更倾向于选择完全执行河长制。地方政府作为当地社会发展的管理者，在民众及上级政府监督的情况下，追求政治需求的政府会选择用较小的经济损失换取更优质的水质环境，提高社会福利水平。地方政府提高河长制工作的执行力度，意味着花费更多的人力、物力、财力等资源，导致 $ADCB$ 区域面积增加，地方政府之间动态博弈策略集的选择逐步演进于{完全执行河长制，完全执行河长制}方向。地方政府对当地污水排放收费率的降低会导致博弈系统的稳定策略向“帕累托最优”演进。在其他影响因素不变的前提下，污水排放收费率的降低意味着会有污水排放量增加的可能，因此必须加强水质治理，提高河长制工作效率。上级政府对地方政府 A 与地方政府 B 的政绩考核中水质环境指标比重的提高，或者经济指标考核比重的降低，都有利于地方政府之间动态博弈的策略集向{完全执行河长制，完全执行河长制}方向演进。河长制安排下的水质考核指标比重的增加有利于引导地方政府关注不会带来经济效益的水质改善工作。与此同时，经济指标考核比重的降低也会引导地方政府工作焦点的转移，从而综合考虑上级政府政绩考核指标，全面发展地方事务。若地方政府依旧忽视当地水质质量，其整体政治考核就会受到影响，地方政府的政治诉求会因为水质指标考核不达标而受阻。而地方政府对于下级政府河长制执行情况的奖惩也会影响地方政府之间博弈策略的选择。无论是增加完全河长制执行情况的物质与精神奖励，还是增加不完全执行河长制的惩罚，都会促使地方政府之间博弈策略集向"帕累托最优"方向演进。在中国式分权体制下，地方官员的政治晋升取决于上级政府的政绩考核，上级政府有权调整下级政府官员的职位。现阶段，根据各个省市地方政府相关文件显示，绝大部分省市河长制考核安排设置了"一票否决"制，河长制的不当执行带来水质的恶化，意味着当地相关人员职位晋升机会的取消或降级；更甚者，会终身追责；情节严重者，保留刑事责任的追究权利。这种考核机制的设置断绝了某些地方官员只关心个人政治前途、经济利益而批准重大水污染危害的项目的可能。奖励力度的增加意味着晋升机会的增加，同样，惩罚力度的增加意味着晋升机会的降低。这就迫使地方政府会为了政治目的而逐渐选择完全执行河长制。从表3-4可以看出，地方政府不完全执行河长制工作后的污水排放量降低使得区域*ADCB*面积增加。对于地方政府而言，不完全执行河长制下的污水排放量降低，意味着在其他因素不变的前提下，地方政府因排污水收费的经济获得降低，或者更少的污水排放量使得地方政府完成河长制工作的目标更容易实现，那么，地方政府会倾向于选择完全执行河长制的策略。从表3-4可以看出，地方政府完全执行河长制工作后的污水排放量增加使得区域*ADCB*面积增加。当地方政府选择完全执行河长制下的辖区污水排放量越多，意味着地方政府因为排污水收费的经济利益增加，基于经济利益最大化的目的，地方政府之间动态博弈的结果是双方都选择最优策略{完全执行河长制，完全执行河长制}。

通过表3-4结果与地方政府间动态博弈模型的设置分析来看，无论地方政府是否严格执行河长制，污水排放的外部效应都不会对整个博弈系统的演化方向与路径产生影响。

3.3 研究结论

全面推行河长制，是推进生态文明建设的必然要求，是解决中国复杂水问题的有效举措，是维护河湖健康生命的治本之策，是保障国家水安全的制度创新，是中央做出的重大改革举措。地方政府对河长制工作执行策略的选择直接影响了水域水环境的质量。因此，本书基于河长制的改革背景分析了企业污水治理与地方政府河长制执行之间演化博弈过程，以及地方政府之间河长制执行策略的演化博弈过程。通过模型论证发现，影响企业治理污水与地方政府河长制执行的演化博弈影响因素有企业完全治污水的成本、地方政府执行河长制的成本、企业治理污水的力度、企业污水排放收费费率、地方政府政绩考核中经济指标的权重、地方政府不严格执行河长制导致治污成本增加的比重以及企业排污水的数量，其中，地方政府河长制工作执行的力度并没有对双方的博弈策略产生固定的影响，地方政府政绩考核中水质环境指标比重不影响双方演化博弈策略的选择。降低企业完全治污水的成本、地方政府执行河长制的成本、不完全执行河长制导致治污成本增加的比重、企业完全治理污水后排放的污水量，会促使企业治理污水与地方政府河长制执行的策略集向{完全治污，完全执行河长制}方向演化。提高企业自身治理污水的力度、企业污水排放收费费率、企业选择不完全治污排放的污水量，也会促使博弈双方的策略集向{完全治污，完全执行河长制}方向演化。通过地方政府之间河长制执行博弈的分析可以看出，降低地方政府河长制执行成本、污水排放收费率、经济指标考核比重、地方政府不完全执行河长制工作后的污水排放量，以及提高河长制工作的执行力度、政绩考核中水质环境指标比重、完全河长制执行情况的物质与精神奖励、不完全执行河长制的惩罚、地方政府完全执行河长制工作后的污水排放量，都会促使地方政府之间河长制执行的演化博弈结果向{完全执行河长制，完全执行河长制}方向演进。污水排放的外部效应不会对整个博弈系统的演化产生影响。鉴于以上研究结论，本书给出了政策建议：

（1）落实地方财政对于企业技术创新的补贴政策，同时鼓励企业拓宽技术创新资金渠道。

无论是降低企业治污水，还是地方政府执行河长制的成本，都会促使博弈系统向“帕累托最优”演进。降低企业污水治理成本的根源在于治理污水技术的提高，但是技术的改进并非一蹴而就，需要大量的人力、物力、财力等支持。除了企业对自身治理污水方式、技术的创新，地方政府的政策及财政支持，如财政补贴、专项技术创新支出、水污染治理补贴等，也会起到至关重要的作用。治污技术的提高除了降低企业及政府治理污水的成本外，还从根本上削减了初期污水排放量。增加地方政府河长制执行资金的财政支持力度，如提高转移支付、专项配套资金配额等，均有助于缓解河长制执行的成本压力。除了部分由上级财政资助解决外，还应开拓多种渠道解决河长制执行所需资金。其余资金缺口建议地方政府通过发放政府债券，银行贷款，鼓励企业捐赠，引入社会资金投入等方式解决困境。

(2)市场机制发挥作用的同时，地方政府的强制手段在水污染治理中至关重要。

河长制执行的目的是当地水环境的治理与保护，治理当下水质污染现状问题，水环境的治理与保护归根结底还是在于如何引导企业约束排污行为、降低排放污水量。“看得见的手”——地方政府的强制手段不容忽视，加强对排放污水企业的监管，强制约束其排污水行为；对于不受约束排污行为予以行政处罚，更甚者，采取法律手段维护水环境质量；同时，地方政府应对企业合理有效排污行为予以奖励，给予更多政策支持也是有效的引导手段。“看不见的手”——市场机制的作用需配套执行，利用经济手段，如排污交易权、环境税，引导企业将排污成本内在化。

(3)协调河长的环境治理责任与其他责任的冲突，同时建立激励相容的考核制度体系。

恰当的激励可以在有效保障经济发展的同时，解决外部压力下负责人内在动力缺乏问题，调动各级地方政府积极执行环境考核制度，保障水环境质量的提升。在现有省市关于河长制执行的考核制度的安排下，促进地方政府之间博弈策略向“帕累托最优”方向演进，可以做以下调整：一是增加水环境质量指标在整个地方政府官员政绩考核中的比重，重视地方官员任期内水环境质量变化情况，以此作为官员选拔任用的重要依据。二是降低经济指标在地方政府官员政绩考核中的比重，将地方政府的工作重点从全力发展经济目标中转移到地方事务的多元化发展目标，如水环境改善等。经济发展、自然环境保护与社会福利等多元化的考核目标才是符合和谐社会发展的主旋律。三是将污水排放量等水环境指标纳入河长制工作考核体系，细化河长制工作执行力度指标，综合性的考核指标体系才能合理激励地方政府工作热情。四是增加对地方政府认真贯彻实施河长制工作的奖励力度，同时增加对地方政府消极、不作为工作的惩罚力度。

(4)河长制工作的有效实施离不开合理的监督机制。

上级政府需定期对地方政府河长制工作的执行情况进行监督，必要时予以行政干预，加强执行工作的监督与检查力度。同时，发挥体制外的力量，动员企业、非政府组织、公众、媒体等参与水环境治理。及时公开水环境及污染治理信息，丰富参与方式，补充各级地方政府河长制安排的不足。为此，河长制的完善需要社会信任机制、信息共享机制、监督约束机制的共同完善。全方位的河长制监督体系，及时的信息传递与恰当的反馈渠道，是有效水环境管制的重要保障。同时，需要严格履行对河长制执行不利行为的处罚。

第4章　基于中国重点城市水质的河长制治理分析

河长制的全面推行标志着中国正在合力打响全面治水攻坚战。本书基于先期试点地区的实践与经验，运用DID，首次系统考察了河长制的治污效果与经济社会效应。实证结果表明，河长制的实施有效降低了地区单位GDP污水排放量，显著改善了地区水质；河长制与中国"压力型"体制的紧密结合，促使地方政府加大污水治理投入，强化环境规制执行，保障了水环境的改善；河长制的实施效果在一定程度上取决于地区的保增长压力和跨地区间的政策协调，在保增长压力大和缺乏跨区域政策协调的地区，河长制的政策效果并不显著；河长制的有效落实会带来相应的经济效益，倒逼企业转型发展、地区产业升级，最终有利于实现河长治。

4.1　河长制政策理论分析

河长制根植于中国自上而下的压力型体制，相比于传统的环保目标约束机制，河长制构建了更为系统完整的水环境治理体系。首先，河长制确立了党政首长负责制，一把手成为推动水环境治理的真正责任主体。从河长制的实践来看，由党政一把手担任河长，履行本辖区内水环境保护与治理的职能，是各地的普遍做法。在2016年中办、国办下发的《关于全面推行河长制的意见》中，也明确提出"要建立健全以党政领导负责制为核心的责任体系"。在中国自上而下的官员治理模式中，一把手的介入往往有助于工作的强力推进。其次，河长制建立了严格的监督考核与责任追究机制，保证了相关制度设计的有效落实。在自上而下的压力型体制中，监督考核与责任追究机制的改变不仅向地方官员传递了上级政府的明确意图和政策优先性，还释放出相关的政治激励信号(冉冉，2013)。在浙江，河长制的落实情况被纳入“五水共治”的考核范围，并逐级对每位河长的履职情况进行考核问责，作为地方党政领导的年度考评依据。在江西，河长制被纳入地方党政领导干部生态环境损害责任追究机制、自然资源资产离任审计机制中，由组织部门直接负责考核，审计部门进行离任审计，形成了一整套行之有效的工作制度。再者，河长制明确了职责归属，强调部门协同，破解“九龙治水”的困局。一方面，河长制在已有省、市、县、乡四级体系的基础上，实施分片、分段管理，确保措施到片(段)，责任到人①。具体来看，河长制将每片区域、每段水域的治污权划分给相关责任人，分解职责归属，明确各自的权利与义务，便于形成“一级抓一级，层层抓落实”的工作机制(王书明，蔡萌萌，2011)；另一方面，河长制强调部门协同，重视协调协作机制，提高部门之间的协作效率。水环境治理涉及水利、环保、财政、城建、农业等多个部门，在缺乏工作协调的情况下，往往难以形成合力，造成“九龙治水、各行其是”的困局。河长制依托党政首长负责制，由各个区域一把手担任河长，在治理权限与权威性上的优势有利于各职能部门统一行动。结合已有试点地区出台的文件来看，“协调互动、统筹推进、合作治水”是河长制的普遍模式。最后，河长制动员了社会力量的参与，监督举报制度的引入有利于水环境治理职能的进一步履行。在河长制的实际实施过程中，各地通过在相应河段设立河长“公示牌”，公开河长职责、负责河段、监督电话等信息，引入社会监督机制，强化社会力量在政策落实过程中的推动作用。例如，杭州市在河长“公示牌”的基础上，开发“杭州河道水质”App，方便群众查阅全市1845条河道信息，并将发现的污染问题直接进行线上举报。

① 部分地区的基层分片(段)河长，还建立了河道巡查制度。例如，广州市治水办2016年7月公布的巡查结果显示，全市7月份新增29处水污染源，涉及白云、花都、从化三区，均被要求限期整改。

Riker(1964)的观点认为，一国分权治理的实际效果取决于该国的政治集权程度。相比于成熟的民主制国家，威权政体下的地方分权治理更具政治集权的色彩，自上而下的压力传导和垂直控制成为约束地方政府履行相关职能的重要制度保障。Tusi 和 Wang(2008)在一个理论模型中，探讨了官员垂直控制对地方治理绩效的影响。研究发现，在这一体制中，上级政府根据地方政府对其委派任务的执行情况给予奖惩，能成功引导地方官员实现其既定目标。在中国，包括环境在内的各项分权改革都是在政治集权的背景下进行的，政治集权成为中央政府影响地方治理的重要因素(Heberer 和 Schubert，2012)。从近 40 年经济发展的实践来看，自上而下形成的以 GDP 增长为核心的政绩考核体系成为地方政府促进当地经济发展的根本动力(Maskin 等，2000；Li 和 Zhou，2005)。同时，也正是由于过分强调以经济建设为中心的目标导向，环境治理问题在地方政府中并未受到足够重视，甚至以牺牲环境为代价发展经济成为常态(Kostka and Mol，2013；Ran，2013)。但需要看到的是，在政治集权的压力型体制下，一旦环境治理成为地方政府绩效的硬性约束，奖惩机制和晋升激励的双重驱动将促使地方政府在这一方面做出相应努力。

从制度层面审视，河长制通过自上而下的压力传导对当前的环保管理体制带来了两方面的影响。其一，河长制“党政领导、强化监督、严格考核”的制度设计加大了对基层政府水环境治理效果的年度考评，推动水污染治理进入地方政府的目标函数，有利于缓解当前环境管理体制“条块分割”的矛盾，加大对环境规制部门的支持力度。中国的环境管理体制在现实中呈现出典型的双重关系：以水环境治理的主体单位市水利局为例①，在纵向上，它接受上级职能部门省水利厅的领导，执行已有的水环境政策和管制措施，即“条条关系”；在横向上，它还要接受当地市政府的直接管辖，在财政预算、人员编制和晋升流动等方面面临多重约束，形成“块块

① 重大涉水违法事件的查处、水资源的保护等职责主要由水利部门负责。且在河长制的试点过程中，水利部门是主要牵头单位。

关系”(周雪光，练宏，2011)。显然，在这种“条块分割”的管理模式中，地方政府对人、财、物的绝对支配左右着环保部门相关职能的履行。当地方政府与环境政策的目标不一致时，职能部门往往会以牺牲环境为代价，被迫执行地方政府的指令(尹振东，2011)。在中国经济转轨的长期实践中，以GDP增长为核心的政绩考核体系促使各级政府自上而下地执行以经济建设为中心的发展战略，而忽视了环境问题所带来的危害(Eaton和Kostka，2013；郑思齐，等，2013)，进一步加剧了环境管理“条块分割”的矛盾①。河长制着眼于当前水环境治理中“条块分割”的现状，发挥压力型体制下政绩考核体系的“风向标”作用，明确党政一把手的治水主体责任，强化监督考核，引导地方政府加大对辖区内水环境治理的支持力度，自觉推动水环境管理部门履职尽责，形成“条块结合，相互支持”的工作格局。其二，河长制作为主要领导推动的“一把手工程”，在明确职责分工、压实主体责任的基础上，建立了“部门联动、协调推进”的工作机制，有利于形成部门合力，严格执行水环境规制。长期以来，在“块块关系”的链条中，水环境的保护与治理职能分散在各同级部门之间，环保部门、水利部门、国土部门和行政执法部门都拥有一定的管理权限(图4-1)，事实上造成了相互推诿、执法混乱的局面，水环境治理过程中越位、错位、不到位的现象时有发生。河长制坚持党政一把手负总责，在明确各部门职责归属的基础上，将管水、治水压力分解到具体单位、具体个人②，并通过“部门联动、协调推进”的工作机制，促使各单位联合行动，严格执行环境规制，打破“九龙治水、各行其是”的困局。

---

① 面对环境管理体制“条块分割”的矛盾，理论界在两种解决方案上达成共识：一是提高环保部门的独立性，减少地方政府对环境事务的干预；如建立环保机构垂直管理体制(张华等，2017)；二是实行环境保护的党政同责和一票否决制，发挥政绩考核体系对环境保护的引导作用。河长制的思路属于后者。

② 具体实践中，管水、治水的压力除了传递给各职能部门，还将传递给各分片、分段的河长。

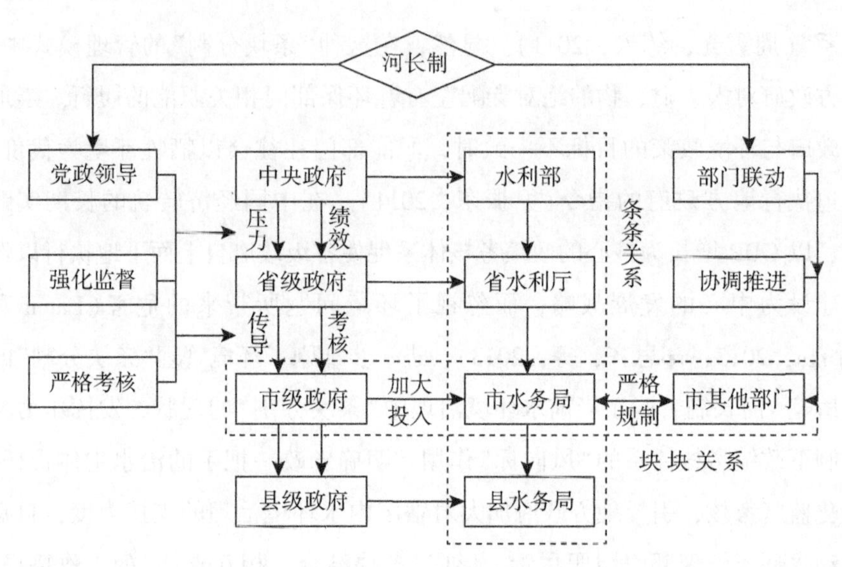

图 4-1　河长制影响水环境治理的作用机理图

综合以上分析，本研究提出如下研究假设：在中国自上而下的压力型体制下，河长制“党政领导、强化监督、严格考核、部门联动、协调推进”的制度设计，将水污染治理的压力层层传导、分解落实，缓解了“条块分割”矛盾，打破了“九龙治水”困局，促使地方政府加大水环境治理支持力度，强化环境规制执行，最终实现水环境改善。

4.2　河长制政策实证分析

4.2.1　模型设计

河长制先期试点、逐步推开的实施过程为这一政策的准确评估提供了良好的“准自然实验”。具体而言，实施河长制和未实施河长制的地区形成了有效的实验组和控制组。各地区在河长制试点的具体年份上存在差异，根据地方政府实施河长制的时间，本研究设定 River 变量，地区在实施河长制之前 River=0，实施之后 River=1。这样就可以通过构建以下双向固定效应的计量模型，运用 DID 方法来捕捉河长制对水环境治理的净效应：

$$Y_{it} = \beta_0 + \beta_1 \text{River}_{it} + \alpha \text{Control}_{it} + \mu_i + \gamma_t + \varepsilon_{it} \tag{4-1}$$

式中，Y_{it} 为被解释变量，本研究在基准回归中借鉴包群等(2013)的做法，选取单位 GDP 污水排放量的自然对数(lnpollut_gdp)作为水环境污染的度量。同时，本研究将化学需氧量排放、氨氮排放及各类水污染物含量作为水环境污染的替代性指标(见表 4-1)，进行稳健性检验。River_{it} 是本研究的核心解释变量，为政策虚拟变量，表示 i 地区在第 t 年是否实施了河长制。Control_{it} 是一系列控制变量的集合，在参考梁平汉，高楠(2014)，以及王兵，聂欣(2016)研究的基础上，具体包括：地区经济发展水平、产业结构、区域人口规模、地区产业集聚程度及水污染严重程度等。其中，地区经济发展水平定义为当地生产总值的自然对数(lngdp)，产业结构用第二产业比重的自然对数表示(lngdp_2)，二者用以控制经济因素的影响；区域人口规模采用地区人口总数的自然对数加以度量(lnpopulation)，以此反映人口因素可能带来的影响；地区产业集聚程度(lnIA)用"规模以上工业企业数/行政面积"计算得到，这一指标既能衡量产业集聚在水污染治理中的作用，又能控制"吸纳企业"这一因素对地方政府试点河长制的影响；水污染严重程度用该地区水污染信访来信的自然对数表示(lnletter)，用以控制地区本身水污染情况和民众压力对结果的影响。μ_i 表示地级市的个体固定效应，γ_t 表示时间固定效应，ε_{it} 为随机误差项。本研究所关注的核心系数为 β_1，在控制其他相关变量的基础上，β_1 反映了河长制对水污染的净影响。

表 4-1　　**主要变量的描述性统计**

变量名称	含义	样本数	均值	标准差	最小值	最大值
Panel A：环保重点城市宏观数据(2004—2014)						
River	是否实施河长制	1232	0.112	0.316	0	1
Lnpollut_gdp	单位 GDP 工业废水排放量对数	1211	-7.598	0.916	-11.517	-4.637

续表

变量名称	含义	样本数	均值	标准差	最小值	最大值
lngdp	地区生产总值对数	1232	16.485	1.027	13.086	19.278
lnpopulation	地区人口总数对数	1232	6.015	0.730	3.393	8.124
lngdp_2	第二产业比重对数	1232	3.921	0.224	2.984	4.511
lnIA	工业集聚程度对数	1212	−3.359	1.152	−6.501	0.080
lnletter	水污染信访来信对数	1232	7.547	1.556	2.565	12.952
lnpollut_cod	单位 GDP 化学需氧量排放对数	1212	−7.193	1.170	−11.999	−3.826
lnpollut_ad	单位 GDP 氨氮排放量对数	1211	−10.179	1.769	−16.989	−4.714
Panel B：国控断面水污染监测点数据(2004—2010)						
Cod_hl	化学需氧量含量(万吨)	1318	4.652	8.961	0.400	177.000
Ad_hl	氨氮含量(万吨)	1271	2.124	4.903	0.010	38.700
Kmno_hl	高锰酸钾含量(万吨)	1322	5.754	9.913	0.700	195.400
Hff_hl	挥发酚含量(万吨)	1227	0.005	0.014	0	0.203
Hg_hl	汞含量(万吨)	1209	0.040	0.142	0	3.080
Do_hl	溶解氧含量(万吨)	1341	7.187	1.996	0.500	14.700
Panel C：中国民营企业调查数据(2010、2012)						
lnEcofee	企业缴纳环保治污费对数	6220	2.737	4.426	0	19.114
lnEcoinput	企业环保治污投入对数	6245	3.020	5.021	0	18.198
lnRD	企业研发投入对数	6132	1.205	2.130	0	10.597

4.2.2　数据分析

考虑到部分水污染指标数据的可获得性，本研究使用 2004—2014 年 113 个环保重点城市的面板数据进行实证分析。工业废水排放量、化学需氧量排放量等水污染排放数据，挥发酚含量、氨氮含量等反映水质的数据及水污染信访来信数均来源于《中国环境年鉴》。其中，挥发酚含量、氨氮含量等反映水质的数据是由国控断面水污染监测点监测所得，但限于数据统计的原因，这一数据仅统计至2010年①。河长制的实施与否是本研究关注的核心解释变量，这一变量为作者手动搜集所得，主要来自各省、市、自治区的政策文件和新闻报道。其余宏观变量中，地区生产总值、产业结构、人口规模等数据均来源于《中国城市统计年鉴》。需要加以说明的是，在模型设定中，水污染信访来信数是省级层面数据，在回归中与相应的地级市数据进行匹配。采用这一方法，主要是因为目前《中国环境年鉴》对水污染信访来信情况的统计仅停留在省级层面，且省级层面指标与地级市数据匹配，能在一定程度上缓解反向因果的内生性问题②。

同时，在机制与经济社会效益分析中，本研究还使用了2010年和2012年中国民营企业调查数据。这一数据的抽样调查工作，由中共中央统战部、中华全国工商联合会和中国民营经济研究会每两年组织开展一次。涵盖全国31个省、市、自治区的各个行业和各类企业，具有广泛的代表性，在已有研究中得到广泛运用(魏下海，等，2013；彭飞，范子英，2016)。这套数据对企业的环境治污投入、环保费用缴纳和创新研发投入等都进行了详细的调查和统计，能较好地支持本研究探讨河长制的实施对微观企业行为的影响。本研究各变量的描述性统计如表4-1所示。

4.2.3 基本结果分析

本部分报告了根据式(4-1)得到的基准回归结果。在基准回归的模型中，与已有文献(王兵，聂欣，2016)做法一致，仅控制地区生产总值、产业结构及人口规模等经济、人口因素变量。基准回归的结果报告在表4-2中。在表4-2中，第(1)~(3)列只控制了地区生产总值变量，而第(4)~(6)列中加入了第二产业比重和人口规模变量。其中，第(3)列和第(6)列

① 在基准回归中，本研究的被解释变量以单位GDP工业废水排放量指标为主，样本期为2004—2014年，而挥发酚含量、氨氮含量等反映水质的指标将作为替代性指标，进行稳健性检验，样本期为2004—2010年。

② 水污染信访来信数据在统计年鉴中仅到2010年，本研究在stata中用ipolate命令补齐其余年份，以此作为控制变量，以充分利用河长制的政策信息。

均控制了时间固定效应和城市固定效应，是本研究关注的双重差分结果。具体来看，无论是否加入相关控制变量，河长制变量的估计系数均显著为负，这表明河长制的实施有效减少了地区工业废水排放，有利于当地水污染状况的改善。结合以上回归结果，可以初步判断：河长制在地方政府水环境治理过程中，发挥了积极的促进作用。

表 4-2　　河长制实施对水污染影响的基准回归结果

解释变量	单位 GDP 废水排放量(自然对数)					
	(1)	(2)	(3)	(4)	(5)	(6)
River	-0.128*** (0.048)	-0.093** (0.047)	-0.086* (0.048)	-0.092* (0.048)	-0.095** (0.047)	-0.086* (0.048)
lngdp	-0.937*** (0.023)	-1.010*** (0.023)	-1.130*** (0.112)	-1.031*** (0.025)	-1.029*** (0.028)	-1.165*** (0.128)
lnpopulation				0.828*** (0.085)	0.292 (0.212)	0.316 (0.214)
lngdp_2				0.268** (0.134)	-0.055 (0.145)	-0.002 (0.167)
Constant	7.853*** (0.381)	9.055*** (0.374)	10.92*** (1.751)	3.367*** (0.727)	7.829*** (1.249)	9.578*** (1.968)
Year fixed effect	No	No	Yes	No	No	Yes
City fixed effect	No	Yes	Yes	No	Yes	Yes
Observations	1211	1211	1211	1211	1211	1211
R^2(within)	0.683	0.683	0.686	0.681	0.684	0.687

注：“ *** ”“ ** ”“ * ”分别表示 1%、5%和 10%的显著性水平，括号内为回归标准误。

4.2.4　稳健性分析

1. 平行趋势的检验：反事实法

采用 DID 方法来评估河长制的治污效果，一个重要的前提假设是：当不存在河长制的政策冲击时，实验组与控制组在水环境污染上要满足平行趋势。在本研究中，借鉴已有文献（陈刚，2012；范子英，田彬彬，2014），通过改变政策实施时间的反事实法来检验这个假定是否成立。具体而言，本研究假定各地区实施河长制的年份统一提前两年，如果此时河长制的变量依然显著为负，则说明水污染治理效果的改善可能源于其他政策的实施或随机性因素的干扰，而不是河长制的变革；相反，如果河长制的政策变量不再显著，则说明除去河长制政策的冲击，实验组与控制组在水环境污染的变动趋势上不存在系统性差异，即平行趋势得到满足。在表4-3中，本研究报告了反事实检验的回归结果。在表4-1结果的基础上，本研究将河长制的实施年份统一提前了两年，从表中（1）~（4）的结果来看，本研究关注的核心解释变量并不显著，这在一定程度上表明，实验组与控制组确实不存在系统性差异，平行趋势的假定基本得到满足。

表4-3　　　　**河长制实施对水污染的影响：反事实检验**

解释变量	单位GDP废水排放量（自然对数）			
	（1）	（2）	（3）	（4）
River（提前两年）	0.036 （0.044）	0.02 （0.045）	0.035 （0.04）	0.022 （0.046）
lngdp	-1.035*** （0.023）	-1.109*** （0.112）	-1.056*** （0.028）	-1.154*** （0.128）
lnpopulation			0.303 （0.212）	0.319 （0.214）
lngdp_2			0.011 （0.146）	0.027 （0.168）
Constant	9.451*** （0.380）	10.590*** （1.757）	7.931*** （1.253）	9.278*** （1.970）
Year fixed effect	No	Yes	No	Yes
City fixed effect	Yes	Yes	Yes	Yes
Observations	1211	1211	1211	1211
R^2（within）	0.682	0.685	0.683	0.686

注："***""**""*"分别表示1%、5%和10%的显著性水平，括号内为回归标准误。

2. 自选择问题的考虑

虽然前文的反事实检验结果表明，实验组与控制组之间不存在系统性差异。但为了进一步确保本研究结论的稳健性，本研究考虑了影响河长制实施的关键因素，以缓解可能存在的自选择问题。具体而言，一个地区是否试点河长制，取决于地方政府对经济发展与水环境污染压力的权衡。如果那些产业集聚程度低、水污染程度小的地区率先实施河长制，那么研究结论就很可能是选择性偏误所带来的①。为了减缓对这一问题的担忧，本研究做了如下两方面的工作：一是在基准模型的基础上加入产业集聚变量。如前文所述，本研究的产业集聚变量定义为"规模以上工业企业数/行政面积"。一方面，单位行政面积上工业企业的数量能较好地反映产业的集聚规模，控制产业集聚对河长制实施的影响；另一方面，吸纳企业集聚，发挥企业对地区经济发展的贡献，是当前各级地方政府推动经济增长的重要手段。将单位行政面积上工业企业的数量加以控制，还能较好地反映地方政府在河长制试点与吸纳企业集聚问题上的权衡。二是在基准模型的基础上加入水污染信访来信变量。将地区水污染信访来信数量加入基准模型中，既能有效反映地区的水污染严重程度，又能捕捉地方政府在水污染治理方面面临的民众压力(Zheng 等，2013)，考察地方政府是否被动试行河长制。

表 4-4 中第(1)~(3)列报告了相应的回归结果。其中，第(1)列在基准回归的基础上加入了产业集聚变量，第(2)列中加入了水污染信访来信变量，第(3)列同时将二者加以控制。从回归结果来看，加入影响河长制实施的关键因素后，本研究的基本结论依然成立。这在一定程度上能有效缓解可能存在的自选择问题，说明研究结论的稳健性。

---

① Verhorf 和 Nijkamp(2002)，Duc(2001)利用欧洲和越南的数据表明，产业集聚与污染物的排放呈正向关系。王兵和聂欣(2016)利用中国开发区设立的准自然实验，发现产业集聚导致开发区周边水环境明显恶化，同样得出产业集聚不利于环境治理的结论。因此，产业集聚程度低的地区水污染程度可能较小。

3. 替代性指标：主要水污染物的排放

根据原环境保护部、国家统计局和原农业部2010年发布的《第一次全国污染源普查公报》，中国水污染的主要因素为工业排放。其中，化学需氧量的排放、氨氮的排放占主要污染物排放总量98%以上。因此，从理论上讲，河长制要在水污染治理中真正发挥作用，就必须实现两大主要污染物排放量的下降。在表4-4中第(4)~(5)列报告了单位GDP化学需氧量排放、氨氮排放与河长制的回归结果。具体来看，河长制的实施显著地降低了氨氮排放量，有效改善了水环境。虽然化学需氧量的回归结果并不显著，但系数的符号与理论预期一致。综合以上分析，河长制的实施确实有效改善了水污染状况，实现了主要污染物排放的下降。

4. 剔除不确定性样本

如前文所述，本研究通过手动搜集的方式整理出地方政府是否实施河长制的信息。虽然本研究通过新闻报道、政府网站和官方文件等渠道进行了信息的反复比对、核实，但仍然不能完全排除一些不确定性样本。其中，在信息搜集过程中，吉林、山西、宁夏等省区均未发现有关河长制试点的信息。这导致本研究无法区分上述地区究竟是没有试点过河长制，还是政策虽已试行但未见诸报道。而这些样本的不确定性可能会对结果带来偏差。本部分为强调这一问题，将上述地区的不确定性样本进行剔除，对已有回归进行重新检验。幸运的是，在113个环保重点城市中，只有14个属于上述省区，可以在不大量影响样本总量的情况下进行基本结论的再验证。表4-4的第(6)列报告了剔除不确定性样本后的回归结果，从系数的大小和显著性来看，与表4-4中第(1)~(3)列的结果相差不大，说明不确定性样本并不影响本研究的基本结论。同时，也间接证明了本研究对河长制信息搜集的准确性及结果的稳健性。

表 4-4　　河长制实施对水污染影响的稳健性检验

解释变量	废水排放	废水排放	废水排放	化学需氧量排放	氨氮排放	废水排放(剔除样本)
	(1)	(2)	(3)	(4)	(5)	(6)
River	-0.111** (0.046)	-0.098** (0.048)	-0.114** (0.046)	-0.017 (0.057)	-0.252** (0.101)	-0.094* (0.048)
lngdp	-1.065*** (0.122)	-1.136*** (0.128)	-1.058*** (0.123)	-0.905*** (0.150)	-0.490* (0.268)	-1.180*** (0.148)
lnpopulation	-0.103 (0.208)	0.271 (0.215)	-0.111 (0.208)	0.787*** (0.255)	-0.430 (0.456)	-0.128 (0.228)
lngdp_2	-0.250 (0.160)	0.027 (0.167)	-0.240 (0.161)	0.184 (0.197)	-0.669* (0.353)	-0.224 (0.177)
lnIA	0.301*** (0.028)		0.298*** (0.029)	0.112*** (0.035)	0.422*** (0.063)	0.306*** (0.031)
lnletter		0.027** (0.013)	0.007 (0.012)	0.025* (0.015)	0.044 (0.027)	0.005 (0.014)
Constant	12.590*** (1.896)	9.080*** (1.979)	12.420*** (1.916)	2.725 (2.343)	5.091 (4.193)	14.56*** (2.224)
Year fixed effect	Yes	Yes	Yes	Yes	Yes	Yes
City fixed effect	Yes	Yes	Yes	Yes	Yes	Yes
Observations	1211	1211	1211	1212	1211	1035
R^2(within)	0.716	0.688	0.716	0.712	0.752	0.716

注：1. “***”“**”“*”分别表示 1%、5%和 10%的显著性水平，括号内为回归标准误。

2. 表中被解释变量均为单位 GDP 水污染排放量(自然对数)。

5. 基于国控断面水质监测点数据的再检验

在中国，地方政府统计上报的环境数据通常存在较为严重的失真问题(Chen 等，2012；Ghanem 和 Zhang，2014)。在实施河长制的地区，地方官员很可能迫于自上而下的水污染治理压力，而虚报工业废水的排放情况，以降低在政绩考核过程中被问责的风险。工业废水排放量数据可能存在失真问题，导致河长制治污效果的高估，进而影响本研究结论的可信度。为了解决这一可能存在的问题，本研究采用国控断面水污染监测数据对本研究结果进行重新检验。一方面，根据中国颁布的《地表水国控断面水质监测质量管理办法》，国控断面水质监测的技术指导和质量监督由中国环境监测总站负责，能在一定程度上避免地方政府对国控监测数据的干扰；另一方面，如果河长制的实施真正导致了工业废水排放量的减少，那么最终的效果也会在地区水质中得到体现。而国控断面水污染监测点提供了大量的水质监测数据，为本研究验证这一猜想提供了现实基础。

表 4-5 报告了基于国控断面水污染监测数据的回归结果。第(1)~(5)列的结果表明，河长制的实施有效减少了各监测点的水污染物含量，江河湖泊中化学需氧量、氨氮、挥发酚、高锰酸钾和汞的含量均显著下降。同时，各监测点水污染物含量的下降还带来了水中含氧量的上升，第(6)列的结果进一步确认了水环境质量改善的事实。综合以上判断，河长制的实施确实减少了地方工业废水的排放，带来了水质的改善，这一基本结论在国控断面水质监测数据中依然成立。

表 4-5　　**国控断面水质监测点数据的回归结果**

解释变量	化学需氧量含量	氨氮含量	高锰酸钾含量	挥发酚含量	汞含量	溶解氧含量
	(1)	(2)	(3)	(4)	(5)	(6)
River	−5.257***	−0.696**	−7.675***	−0.009***	−0.088***	1.108***
	(0.941)	(0.325)	(1.039)	(0.002)	(0.021)	(0.143)
lngdp	5.092**	−0.889	0.658	−0.003	0.052	−0.295
	(2.452)	(0.881)	(2.674)	(0.005)	(0.060)	(0.362)

续表

解释变量	化学需氧量含量	氨氮含量	高锰酸钾含量	挥发酚含量	汞含量	溶解氧含量
	(1)	(2)	(3)	(4)	(5)	(6)
lnpopulation	-1.015	0.045	2.649	0.001	-0.022	-0.813
	(6.765)	(2.313)	(7.427)	(0.012)	(0.145)	(1.022)
lngdp_2	-7.588***	0.328	-6.295**	0.010*	-0.018	0.140
	(2.893)	(1.054)	(3.181)	(0.006)	(0.073)	(0.433)
lnIA	1.469**	0.494*	1.430*	-0.000	0.018	-0.116
	(0.728)	(0.256)	(0.811)	(0.001)	(0.017)	(0.111)
lnletter	-0.015	0.137	0.010	0.000	-0.005	-0.021
	(0.303)	(0.103)	(0.330)	(0.001)	(0.007)	(0.045)
Constant	-33.690	16.130	9.846	0.016	-0.439	16.070*
	(56.700)	(19.890)	(62.180)	(0.102)	(1.289)	(8.439)
Year fixed effect	Yes	Yes	Yes	Yes	Yes	Yes
监测点固定效应	Yes	Yes	Yes	Yes	Yes	Yes
Observations	1311	1265	1315	1221	1203	1334
R^2(within)	0.076	0.033	0.083	0.071	0.031	0.084

注：1. “***”“**”“*”分别表示1%、5%和10%的显著性水平，括号内为回归标准误。

2. 表中被解释变量为各监测点检测到的水污染物含量。

6. 基于合成控制法的再检验

在前文中，本研究运用DID的方法验证了河长制在地方水污染治理中的积极作用，并通过改变政策实施时间的反事实法检验了实验组与控制组的平行趋势。但是，从理论上讲，要得到河长制与水污染之间确切的因果关系，最为理想的处理方法是：在一个已经实施河长制的地区，如果能获取该地区现今在不实施河长制的情况下的水污染情况，则与该地区实行河长制后水污染的实际情况进行比较，二者之差就是河长制所带来的实际效应。Abadie 和 Gardeazabal（2003）和 Abadie 等(2010)提出的合成控制法正是基于这一逻辑进行政策评估。具体而言，在未实施河长制的其他地区(控制组)，赋予每个控制组个体一个合理权重，通过加权平均构造出一个合成的控制组。权重的选择使得合成控制组的情况与实验组政策干预前的情况十分相似，且合成控制组政策干预后的结果完全是实验组的反事实状态。因此，实验组与合成控制组的事后结果差异就是河长制实施所带来的影响。需要说明的是，合成控制法是典型的非参数估计，拓展了传统的双重差分法，可以对双重差分的结果进行进一步验证；同时，合成控制法通过纯数据驱动确定权重，减少了主观选择的偏差，能有效避免政策的内生性问题，增强结果的可信度(苏治，胡迪，2015)。

本研究选取无锡、苏州两个政策试点城市，运用合成控制法对河长制的实施效果进行了再检验。无锡、苏州两地作为最早推行河长制的地区，为政策的逐步推开积累了宝贵经验，成为各地试行河长制的重要蓝本。通过合成控制法的计算，表 4-6 报告了合成无锡、苏州两地的权重组成，图 4-2 和图 4-3 报告了合成控制法的模拟结果。从具体的结果来看，在河长制实施之后，无锡、苏州两地的单位 GDP 废水排放量显著下降，且持续低于合成无锡与合成苏州的污水排放水平，二者差距也在逐步拉大。这一结果表明，相对于没有实施河长制的合成无锡与合成苏州，实际实施政策的两地水污染状况显著改善。

表 4-6　**合成无锡、苏州的城市权重**

合成无锡的城市权重		合成苏州的城市权重	
城市名	权重	城市名	权重
汕头市	0.197	大庆市	0.059
上海市	0.110	上海市	0.257
枣庄市	0.693	焦作市	0.684

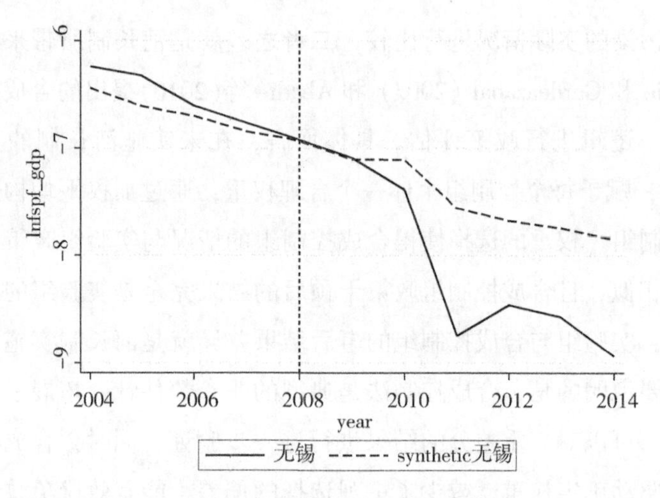

图 4-2　无锡与合成无锡的政策效果

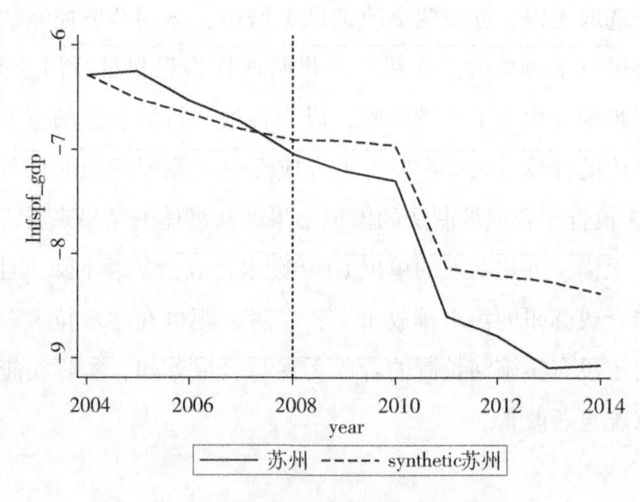

图 4-3　苏州与合成苏州的政策效果

4.3　河长制政策的机制分析

前文通过一系列的稳健性检验证实了河长制有利于改善水环境、降低水污染，实现江河湖泊的有效治理。河长制源于地方政府对水环境治理制度的探索与创新，根植于中国自上而下的压力型体制。本研究将进一步探讨在自上而下的压力型体制中，河长制是如何发挥作用，通过何种渠道实现水环境的有效改善。

4.3.1 河长制下的水环境治理投入

长期以来，中国的环境管理体制存在“条块分割”的矛盾，执行水环境政策和管制措施的责任单位既要接受上级职能部门的业务领导，又要在财政预算、人员编制和晋升流动等方面面临地方政府的多重约束。在以 GDP 增长为核心的政绩考核体系下，这种双重领导的“条块分割”体制导致的直接后果就是：环境治理为地方经济发展让路(Kostka 和 Nahm，2017)。最为直观的体现是，地方政府在财政支出的安排上，往往会忽视环境治理职能的实现，缺乏相应的财力支持(Wu 等，2013)。如前文所述，河长制通过“党政领导、强化监督、严格考核”的方式加大了对基层政府水环境治理的考评力度，水环境绩效成为地方官员晋升的重要参考依据，部分地区甚至出台了水环境治理不达标“一票否决”的规定，例如，安徽省合肥市在 2013 年试点河长制时就明确提出，水环境治理不达标将实行“一票否决”制，出现重大污染的，将对相关责任人追究到底。广州、南京等地同样出台了类似措施。面对这一自上而下的考核压力，可以预见，基层政府将调整自身发展策略，加大对水环境治理部门的支持力度，增加相应的财力投入，保障水污染现状的改善。表 4-7 中第(1)~(3)列对河长制下地方政府的水环境治理投入情况进行了验证。回归结果表明，河长制的实施促使地方政府加大了污水治理的投入，提高了污水治理投资占财政支出的比重。同时，从污水治理项目的开工和竣工情况来看，自上而下的治水压力使得地方政府更为重视水污染的治理情况，增加了本地区的污水治理项目。

4.3.2 河长制下的水环境规制执行

河长制能否取得实实在在的效果，除了依赖于地方政府的财力支持外，更取决于水环境规制的执行。河长制的实施一方面促使地方政府增强对水环境治理部门的工作支持力度；另一方面，河长制“部门联动、协调推进”的制度安排能有效解决相关职能部门相互推诿、执法混乱的局面，形成工作合力。自上而下的治水压力最终将传导到各相关职能部门，在明确职责归属、形成工作合力的条件下，河长制将促进水环境规制的严格执行。表4-7中第(4)~(5)列利用全国民营企业调查数据对上述推论进行了再验证。回归结果证实，河长制的实施有效促进了水环境规制的严格执行，地方政府加大了对环保治污费用的征缴力度。

表4-7 河长制实施效果的影响机制分析

解释变量	污水治理投资比重	废水设施日处理能力(万吨/台)	企业缴纳环保治污费①	企业环保投入
	(1)	(1)	(4)	(5)
River	0.003**	0.113*	1.736***	0.215
	(0.001)	(0.063)	(0.621)	(0.692)
lngdp	0.010***	0.225	-0.567	-0.413
	(0.003)	(0.195)	(1.490)	(1.999)
lnpopulation	-0.001	-0.567*	0.301	4.099**
	(0.007)	(0.289)	(1.650)	(1.991)
lngdp_2	-0.004	0.105	-6.980**	-0.907
	(0.005)	(0.251)	(3.031)	(3.604)
lnIA	-0.001	-0.068*	-0.124	-0.205
	(0.001)	(0.039)	(0.186)	(0.211)
lnletter	0.000	0.025	-0.277*	-0.265
	(0.000)	(0.017)	(0.163)	(0.176)
Constant	-0.137**	-0.740	43.674**	-4.281
	(0.060)	(2.926)	(21.519)	(28.074)
Year fixed effect	Yes	Yes	Yes	Yes
City fixed effect	Yes	Yes	Yes	Yes
Observations	863	1100	6045	6070
R^2(within)	0.170	0.032	0.122	0.100

注：1.“***”“**”“*”分别表示1%、5%和10%的显著性水平，括号内为回归标准误。

2. 表中第(4)~(5)列为2010—2012年民营企业调查数据的截面回归结果。

① 本研究使用了2010年和2012年的民营企业调查数据与地级市宏观数据匹配，其中2012年水污染信访来信数缺失，本研究在stata中采用插值法补齐。

4.4 河长制政策的经济效益

4.4.1 水环境保护与经济增长压力

1. 保护水环境与经济增长压力的矛盾

经济增长与环境保护间的矛盾在世界范围内都具有普遍性。中国作为世界上最大的发展中国家，在教育、医疗、就业和社会保障等各方面都面临较大压力，这些都需要经济增长的有力支撑。同时，近40年来，中国形成了以GDP增长为核心的晋升激励机制(Li 和 Zhou，2005)，促使地方政府逐步形成了以“经济增长为先，环境保护靠后”的发展策略。即便在中央政府改变考核体系，增加环保考核力度的背景下，经济增长依然在地方政绩评价中占据重要地位。而中国地方政府的财权与支出责任存在严重的不匹配，有限的财力难以支撑地方政府职能完全实现(Chen 和 Kung，2016)，通过经济增长来保证财政收入，也是各级地方政府的现实选择。因此，可以预见的是，在经济增长压力较大的地区，自上而下的环境规制政策同样会面临执行阻力，其政策实施效果可能会受到影响(Rooij，2017)。

为了验证经济增长压力对河长制政策的影响，本研究根据各地区保增长压力的不同，划分了经济增长压力大和经济增长压力小的两类城市，以区分二者间政策效果的差异性。具体而言，本研究使用2014年城市GDP增速与2008年城市GDP增速的差额，来识别各地区的保增长压力。如图4-4所示，自2008年国际金融危机爆发以来，各城市的GDP增速呈现出较为明显的放缓趋势①，各地区普遍面临较大的保增长压力(杨继东，杨其静，2016)。当2014年经济增速相比于2008年经济增速降幅超过平均

① 2010年经济增速加快的主要原因在于四万亿刺激性投资的结果，总体来看，这一刺激计划的政策效果十分有限，之后的经济增长依然呈现出下降趋势。因此，保增长的压力依然起源于2008年的国际金融危机。

值时①，本研究认定该城市面临着更大的保增长压力，反之则保增长压力更小。表 4-8 中第(1)～(2)列报告了分样本回归的结果，从中可以看出，在保增长压力较小的地区，河长制的实施依然有效地抑制了工业废水的排放，有利于水污染的治理，而在保增长压力较大的地区，河长制的实施效果并不显著。以上回归结果表明，在现阶段的中国，经济增长与环境保护的矛盾依然突出。在自上而下的压力型体制下，经济增长与环境保护的目标需要进一步协调，既不能因为经济发展的需要而破坏生态环境，更不能因为环保考核的现实压力而一刀切式的损害经济增长，需要考虑环保政策在不同地区执行的异质性。

图 4-4　各城市 2004—2014 年 GDP 名义增长率变化情况

表 4-8　**河长制实施中面临的挑战(分样本回归结果)**

解释变量	单位 GDP 废水排放量(自然对数)			
	保增长压力小	保增长压力大	全省实施	单独实施
	(1)	(2)	(3)	(4)
River	-0.148**	-0.110	-0.166**	0.058
	(0.063)	(0.068)	(0.076)	(0.069)

① 当然，也有个别城市 2014 年相比于 2008 年经济增速有所加快，这些地区直接被认定为保增长压力小。

续表

解释变量	单位 GDP 废水排放量(自然对数)			
	保增长压力小	保增长压力大	全省实施	单独实施
	(1)	(2)	(3)	(4)
lngdp	-1.252***	-0.925***	-1.165***	-0.980***
	(0.173)	(0.182)	(0.338)	(0.129)
lnpopulation	1.225***	-1.035***	9.041***	-0.573***
	(0.315)	(0.284)	(0.948)	(0.212)
lngdp_2	-0.208	0.028	2.403***	-0.464***
	(0.203)	(0.263)	(0.455)	(0.171)
lnIA	0.288***	0.370***	0.384***	0.303***
	(0.039)	(0.043)	(0.060)	(0.031)
lnletter	0.048***	-0.027	0.015	0.002
	(0.017)	(0.019)	(0.096)	(0.012)
Constant	6.991**	15.230***	-51.900***	14.760***
	(2.883)	(2.676)	(7.682)	(1.965)
Year fixed effect	Yes	Yes	Yes	Yes
City fixed effect	Yes	Yes	Yes	Yes
Observations	637	574	267	944
R^2(within)	0.733	0.725	0.795	0.727

注："***""**""*"分别表示1%、5%和10%的显著性水平，括号内为回归标准误。

2. 跨地区的政策协调

水污染具有较为明显的外溢性，跨地区间的水环境治理需要上下游、左右岸之间的政策协调(Sigman，2013)。同时，环境规制作为地方政府间竞争的重要手段(Wilson，1999；Bruekner，2003)，在缺乏区域整体性实施的背景下，单个城市实行更为严格的规制标准，会使其在流动性资本的争夺中处于不利地位，竞争优势的削弱可能会使地方政府不得不背离环境政策制定的初衷，最终导致规制政策的失效。为了验证河长制实施过程中跨地区间政策协调的重要性，本研究将样本划分成了两类：一类是截至2014年年底，在全省(直辖市)范围内实施了河长制的地区，具体包括江苏、浙江、辽宁、福建、天津所下辖的城市；另一类是在所处省区单独实施河长制的城市。事实上，在自上而下的压力型体制中，由省级政府推动河长制的全面实行，一方面，有利于强化省政府在水污染治理上的统筹协调，更好地解决本辖区内水污染在上下游、左右岸城市间的外溢性问题；另一方面，在全省范围内的统一行动和集中考核，有利于降低单个城市单独实施河长制的风险，消除单个地区在全省兄弟城市竞争中的顾虑。

因此，本研究可以推断，在全省(直辖市)范围内实施河长制的地区，水污染外溢性问题更好解决，单个城市竞争劣势顾虑将有效消除，都有力推动各地区在水污染治理上做出努力。表4-8中第(3)~(4)列报告了相应的回归结果，与理论预期一致，在全省(直辖市)范围内实施了河长制的地区，单位GDP废水排放量显著下降，而在那些单独实施的城市，河长制的效果并不显著，甚至符号与理论预期相反。上述结果有力地证明了，河长制的实施效果不仅取决于属地责任的有效落实，更依赖于跨地区间的政策协调。因此，在河长制全国推行的背景下，构建范围更广、层级更高、效率更优的跨省区组织协调机制十分关键。

4.4.2　河长制带来的经济效益

要确保水污染治理效果的长久性、持续性，根本上取决于河长制能否带来产业结构的优化升级。产业结构的调整是协调经济可持续发展与环境保护的关键路径，而创新在其中发挥着不可替代的作用。根据Porter和Linde(1995)等人的理论，合理的环境规制能够有效激励企业优化资源配置、改进技术水平，从而实现"创新补偿"效应。肖志兴，李少林(2013)的研究表明，技术创新是环境规制影响产业升级的重要作用机理。从河长制实施的本意来看，各地也希望通过这一政策的推行来带动本地区的技术创新和产业升级。

接下来，本研究将从微观和宏观两个层面验证河长制对技术创新的影响，以考察河长制所带来的经济效益。首先，本研究分析了河长制的实施对微观企业的影响，表4-9中第(1)列的回归结果表明，河长制这一环境政策的严格执行促使企业加大了研发投入，有效地促进了企业创新，发挥了相应的“倒逼”作用①；其次，本研究还从宏观层面探讨了河长制政策对区域整体创新的影响，以考察这一环境规制的总体效应。从表4-9中第(2)~(5)列的结果来看，河长制的实施确实有力地推动了区域整体创新水平的提高，有利于实现产业结构的优化②。综合以上结论可知，河长制的有效落实倒逼企业转型发展、地区产业升级，最终有利于实现河长治。

表4-9 **河长制实施的经济效应分析**

解释变量	企业研发投入	地级市专利总数	地级市发明专利数	地级市实用新型专利数	地级市外观设计专利数
	(1)	(2)	(3)	(4)	(5)
River	0.393**	13.900***	3.384***	2.718***	7.794***
	(0.200)	(2.138)	(0.706)	(0.580)	(1.218)
lngdp	-0.206	-1.611	1.098	-3.209**	0.500
	(0.846)	(5.076)	(1.676)	(1.376)	(2.891)
lnpopulation	0.026	40.440***	20.060***	15.970***	4.405
	(0.985)	(8.162)	(2.694)	(2.213)	(4.648)
lngdp_2	-2.514	-52.590***	-19.860***	-14.360***	-18.380***
	(1.569)	(6.375)	(2.104)	(1.728)	(3.630)
lnIA	0.144	-1.420	-0.175	-0.468	-0.777
	(0.088)	(1.146)	(0.378)	(0.311)	(0.652)

① 本研究的企业数据为2010年和2012年全国民营企业调查数据。

② 本研究以各地级市的专利数作为区域整体创新的度量指标，由于数据统计的限制，样本期仅涵盖2004—2012年，具体数据由作者自行整理，参见网站：http://patdata.sipo.gov.cn/。

续表

解释变量	企业研发投入	地级市专利总数	地级市发明专利数	地级市实用新型专利数	地级市外观设计专利数
	(1)	(2)	(3)	(4)	(5)
lnletter	−0.056 (0.077)	−0.817 (0.580)	−0.378** (0.191)	−0.294* (0.157)	−0.146 (0.330)
Constant	15.771 (11.662)	−6.253 (84.110)	−56.350** (27.770)	12.800 (22.800)	37.300 (47.900)
Year fixed effect	Yes	Yes	Yes	Yes	Yes
City fixed effect	Yes	Yes	Yes	Yes	Yes
Observations	5957	759	759	759	759
R^2(within)	0.118	0.357	0.362	0.477	0.175

注："***""**""*"分别表示1%、5%和10%的显著性水平，括号内为回归标准误。

4.5　研究结论

当今的中国面临着水环境持续恶化的严峻挑战，保护水资源、防治水污染、维护水生态成为当务之急。为此，中共中央办公厅、国务院办公厅于2016年12月印发《关于全面推行河长制的意见》，希望通过河长制的全面推行为全国的水环境治理提供制度保障。本研究在Riker(1964)理论的框架下，基于先期试点地区的经验，选取2004—2014年113个环保重点城市的面板数据，运用DID的回归方法，验证了中国压力型体制下河长制的水污染治理效果。研究发现：总体而言，河长制的实施有效地抑制了地区单位GDP的污水排放量，有利于水环境的改善。这一结论在经过一系列稳健性检验后依然成立。从河长制影响水污染治理的作用机制来看，在自上而下的压力型体制下，地方政府治水投入的增加和环境规制的严格执行都发挥了重要作用。同时，本研究还进一步探讨了河长制实施过程中可能面临的挑战，一是与保增长压力间的矛盾；二是跨地区间政策协调的问题。具体而言，在保增长压力较大的地区，河长制的实施效果更差，说明经济增长与环境保护之间的矛盾在发展不平衡、不充分的中国依然比较突出。同样地，在缺乏跨地区间政策协调、单独实施河长制的地区，政策的效果并不显著。这表明，在河长制全面推行的过程中，必须高度重视跨地区间的政策协调与配合。最后，本研究分析了河长制政策的经济效应，发现这一政策的实施有力地推动了企业的转型发展和地区产业升级，有利于实现河长治。

第5章 长江流域河长制治污效果分析

河长制的执行效果需要严谨的实证评估，而长江作为中华民族的母亲河，其水质的重要性不言而喻。本章利用有序 probit 模型，通过 2014—2019 年长江流域重点水域断面的月度水质数据，评估了河长制的政策效果。研究发现，相对于没有实施河长制改革的流域，河长制的执行显著提高了长江流域水体的质量。河长制的实施减少了当地污染排放行为的发生，同时通过污水治理改善了流域水质。本章通过选择性偏误及安慰剂检验，调整样本、改变窗口期等稳健型检验，进一步验证了基本结论的稳健性。最后，本章通过对长江流域监测断面是否处于国控点的检验分析发现，相对于其他水域，国控点水域在河长制实施后其水质显著提高，这意味着河长制的执行在地方执行时具有异质性。

5.1 长江流域水质统计分析

长江作为世界第三大河，干流自西而东横贯中国中部，流经青海、西藏、四川、云南、重庆、湖北、湖南、江西、安徽、江苏、上海 11 个省、自治区、直辖市，于崇明岛以东注入东海，全长约 6300 公里。长江数百条支流辐辏南北，流域面积达 180 万平方公里，约占中国陆地总面积的 20%。淮河大部分水量也通过大运河汇入长江。长江干流宜昌以上为上游，长 4504 公里，流域面积 100 万平方公里，其中直门达至宜宾称金沙江，长 3464 公里。宜昌至湖口为中游，长 955 公里，流域面积 68 万平方公里。湖口至出海口为下游，长 938 公里，流域面积 12 万平方公里。

本章以长江干流、主要支流的水质状况为研究对象，分析河长制实施对长江水域污染治理的影响。长江流域水资源保护局网站(http://www.ywrp.gov.cn)公布了自2003年6月以来长江流域水资源质量公报。自2014年1月，详细公布了长江流域重点水域观察断面的月度水质类别数据。长江流域重点水域水质状况表将水质类别分为6类，按水质的好坏分为Ⅰ、Ⅱ、Ⅲ、Ⅳ、Ⅴ与劣Ⅴ类。基于研究目的及长江水质量数据的可得性及可比性，选取的数据区间为2014年1月至2019年1月，除去因设备故障等原因导致的“本月未测”数据，本部分共选取了3477个样本，长江水域各个分区的样本期间平均水质状态见表5-1。从表5-1看出，长江流域各大分区(除去缺失数据的金沙江分区)在2014年1月至2019年1月之间的月平均水质差别还是明显的，月平均水质好的分区是汉江，平均水质低于Ⅱ级，其次是长江中游支流与嘉陵江，较差的是乌江与岷沱江分区，平均水质均在Ⅳ级以上。

表5-1 **长江流域各分区水质状况**

	分区	河流/水库数量	监测断面数量	平均水质情况
1	长江干流	17	22	2.561
2	岷沱江	4	4	4.375
3	嘉陵江	3	3	2.118
4	乌江	3	3	5.056
5	洞庭湖	7	7	2.667
6	汉江	4	9	1.907
7	中游支流	1	1	2.000
8	鄱阳湖	5	5	2.367
9	下游支流	3	3	3.444

监测断面所在地级市(或直辖市)2014—2017年的工业企业数、工业废水排放量、城市居民消费价格指数、地区生产总值及其增长率、人口密度、第二产业占地区生产总值比等数据来源于2014—2017年《中国城市统计年鉴》。由于统计年鉴的滞后性，以上数据只能提供至2017年，本书为了结果的稳健性，搜集了2018年1月至2019年1月监测断面所在地级市(或直辖市)的月平均温度、月平均降水量进行了补充，这部分数据主要来自各个地级市(或直辖市)的统计年鉴，如《江苏统计年鉴》《武汉统计年鉴》，缺失数据补充于各个地级市统计局官方网站与天气网 http://www.tianqi.com/qiwen/china/。主要变量的描述见表5-2。

表5-2　　主要变量统计特征

变量名	样本数	均值	标准差	最小值	最大值
quality(水质类别/1-6)	3477	2.725	0.78	1	6
temperature(当月平均温度/℃)	3477	16.43	7.37	0.30	32.4
precipitation(当月降水量/mm)	3477	154.08	49.97	7.3	858.46
enterprise(工业企业数/个)	3477	7149.85	3418.25	2309	18792
wastewater(工业废水排放量/万吨)	3477	32850.47	19183.83	8469	80468
gdp_g(地区生产总值增长率/%)	3477	9.88	2.55	5.34	16
gdp_p(人均GDP/元)	3477	86719.09	35136.61	42567	195388.10
density(人口密度/人/km^2)	3477	987.95	565.37	261	3816

河长制政策实施前后长江流域各分区水质的情况见表5-3。表5-3报告了在河长制政策颁布前后，不同长江分区监测到的水质级别的数量占总量的比重。从表5-3可以看出，政策改革前后，各级水质类别占总数的比重都由变化，大部分的水质是趋于变好，降低了水质类别级数。河长制政策颁布后，改革区域水质中的IV类、V类及劣V类水质占比均有所下降，III类水质占比均有上升。下文继续通过DID方法分析河长制实施对不同流域水污染治理的效应。

表 5-3 河长制实施前后长江流域各分区水质变化情况

	政策颁布前各级水质数量占比						政策颁布后各级水质数量占比					
	I	II	III	IV	V	劣 V	I	II	III	IV	V	劣 V
长江干流	0.02	0.00	0.00	0.00	0.00	0.26	0.06	0.00	0.00	0.00	0.13	0.11
岷沱江	0.20	0.00	0.78	0.00	0.39	0.67	0.62	0.08	1.00	0.11	0.48	0.78
嘉陵江	0.71	0.08	0.22	0.22	0.48	0.07	0.30	0.42	0.00	0.22	0.30	0.11
乌江	0.08	0.25	0.00	0.00	0.04	0.00	0.02	0.33	0.00	0.00	0.04	0.00
洞庭湖	0.00	0.17	0.00	0.11	0.00	0.00	0.00	0.08	0.00	0.00	0.04	0.00
汉江	0.00	0.50	0.00	0.67	0.09	0.00	0.00	0.08	0.00	0.67	0.00	0.00
中游支流	0.02	0.00	0.00	0.00	0.00	0.26	0.06	0.00	0.00	0.00	0.13	0.11
鄱阳湖	0.20	0.00	0.78	0.00	0.39	0.67	0.62	0.08	1.00	0.11	0.48	0.78
下游支流	0.71	0.08	0.22	0.22	0.48	0.07	0.30	0.42	0.00	0.22	0.30	0.11

5.2 模型设定

鉴于长江水资源质量公报中对于长江流域水质状况的分类数据特点，本章采用有序 probit 模型(Ordered Probit Model)，使用 DID 方法分析河长制这一外生政策变动对长江流域水质的影响。实证模型设定如下：

$$\text{quality}_{i,t} = \varphi + \theta \text{policy}_{i,t} + Q\pi_{i,t} + \mu_i + \omega_t + \varepsilon_{i,t} \tag{5-1}$$

式中，i 表示长江流域各分区水域水质状况监测断面，t 表示时间。$\text{quality}_{i,t}$ 是 i 监测断面 t 时间的水体水质状况。当水质为 I 类时，quality 取值为 1，以此类推，当水质为劣 V 类时，quality 取值为 6。policy 为河长制实施时间的 0-1 变量，监测断面所在地级市(或直辖市)处于改革当年月和此后取值 1，否则为 0。π 表示一系列控制变量，包括监测断面所属市的月平均温度，月平均降水量，监测断面所属市的虚拟变量，月份的虚拟变量；监测断面所属市的宏微观经济变量，如地区生产总值增长率、人均地区生产总值、工业企业个数、工业废水排放量、污水处理厂集中处理率、人口密度等。μ是地区固定效应，ω是月度的时间固定效应。为了检验模型中解释变量与被解释变量间的关系，利用DID方法分析。DID方法被广泛用于各类公共政策的评估分析中，为解决传统分析中所经常面临的内生性问题提供了良好选择。

5.3　基本回归结果

表5-4列出了长江流域河长制政策评估的基本回归结果。表5-4第(1)列与第(2)列是利用长江流域各分区重点水域水质状况数据，根据模型(5-1)使用线性概率模型回归得到的实证结果。表5-4第(1)列加入了水质检测点所在区域的月平均温度变量，回归结果显示，河长制政策虚拟变量的估计系数为负数，并在5%的显著水平上显著，这表明相对于没有实施河长制改革的省市，实施改革显著提高了长江流域各分区水域水质。河长制政策的实施减少了污染行为的发生，同时通过污水治理改善了长江流域各分区水域水质。表5-4第(2)列在第(1)列控制变量的基础上，加入了水质监测的所在区域的月份固定效应及个体的固定效应，解释变量的回归结果仅仅是显著性略微改变，系数依旧为负。由于温度、湿度等因素是影响水域自净化的重要因素，地区与月份时间固定效应也是影响结果的重要控制变量，因此，本部分考虑了这些因素。表5-4第(3)列是加入了温度、湿度、地区效应、月份时间效应的有序probit模型回归结果，其结果显示政策变量的估计系数在5%水平下显著为负。这说明相对于没有执行河长制的长江流域监测断面所在城市，执行河长制显著改善了长江流域重点水域的水质。上升为国家政策的河长制，在权威性上更加增加，强有力的领导约束、有效的管理体制，这些都是河长制可以有效改善水质的重要保障。

表 5-4 基本回归结果

	Linear rmodel		Ordered probit regression
	(1)	(2)	(3)
policy	-0.190*	-0.844**	-0.563**
	(0.060)	(0.047)	(0.023)
temperature	-0.156***	-0.149***	-0.214***
	(0.000)	(0.000)	(0.000)
precipitation		0.055	0.036
		(0.198)	(0.208)
Area fixed effect		yes	yes
Month fixed effect		yes	yes
Observations	3477	3477	3477
Adj/Pseudo R2	0.189	0.293	0.287

注：(1)“ * ”“ ** ”“ *** ”分别表示 10%，5%和 1%的显著性水平。

(2)括号内为 P 值。

5.4 相关检验

5.4.1 选择性偏误及安慰剂检验

河长制最早源于无锡太湖水域爆发的大面积蓝藻事件，这就面临一个是否存在选择性偏误的问题。河长制的实施是不是源于不良的初期水质状态，长江流域各个市河长制改革的执行时间是不是由于初期水质的状况决定的？本部分为了保证基本回归结果的可靠性，参考已有文献①的方法，进一步做分析检验确定是否存在选择偏误问题。实证模型设定如下：

$$\text{policy}_i = \alpha + \beta \text{quality}_i^{201401} + \lambda X_i^{201401} + \phi_i \tag{5-2}$$

式中，i 表示长江流域各分区水域监测断面，t 表示时间。policy_i 为长江流域

① 李强. 河长制视域下环境规制的产业升级效应研究——来自长江经济带的例证[J]. 财政研究，2018(10)：79-91.

各分区水域监测断面所在地级市河长制的实施时间，$quality_i^{201401}$ 是 i 监测断面样本初期 2014 年 1 月的水质状况。X 表示一系列控制变量，与模型(5-1)的控制变量相同，但全部取 2014 年 1 月的值。ϕ_i 为误差项。

选择性偏误结果见表 5-5 第(1)~(3)列。通过控制不同的变量和固定效应可以发现，长江流域各分区水域监测断面水质的估计系数并不显著，这意味着河长制的实施时间并没有因为样本期初期水质的状态而进行选择性实施。表 5-4 的基本回归结果并不存在选择性偏误。

本章进一步采用安慰剂检验的方法处理原始数据，即通过虚构样本处理组进行回归。第一种方法，河长制实施的年份在各个市实施的时间不尽相同，为了进行安慰剂检验，将现有水功能区执行河长制真实时间提前 24 个月设定为政策实施时间，进行 DID 回归，结果见表 5-5 第(4)~(5)列。从其回归结果可以看出，加入所有控制变量、个体固定效应、月份固定效应及河流固定效应后，河长制是否执行虚拟变量的估计系数均不显著。这说明虚拟构建政策实施年份的检验方法没有证明基本回归结果的偏误。第二种方法，改变解释变量即河长制的实施时间。河长制政策实施的年份在各个省市实施的时间不尽相同，为了进行安慰剂检验，将 2015 年设定为政策实施年份，进行 DID 回归。从其回归结果见表 5-5 第(5)列，结果显示，加入所有控制变量及固定效应后，政策虚拟变量的估计系数并不显著。这说明虚拟构建政策实施年份的检验方法没有证明基本回归结果的偏误。通过不同方法安慰剂检验分析的结论可以看出，河长制政策实施确实提高了长江流域重点水域的水环境质量。

表 5-5　　**选择偏误及安慰剂检验结果**

	quality			policy	
	(1)	(2)	(3)	(4)	(5)
quality	−8. 523	−8. 300	−7. 015		
	(0. 635)	(0. 255)	(0. 654)		
p_q24				−0. 153	
				(0. 657)	

续表

	quality			policy	
	(1)	(2)	(3)	(4)	(5)
p_2015					0.195
					(0.664)
control	no	no	no	yes	yes
Area fixed effect	no	yes	yes	yes	yes
Month fixed effect	no	no	yes	yes	yes
Observations	3477	3477	3477	2736	2736
Adj/Pseudo R2	0.365	0.412	0.323	0.255	0.378

注：(1)括号内为 P 值。

(2)控制变量包括了模型(5-1)中的所有变量。

5.4.2 稳健性检验

表5-6列出稳健性检验的回归结果。表5-6第(1)~(2)列是使用线性概率模型回归得到的实证结果。表5-6第(3)~(5)列是有序 probit 模型回归结果。为了控制宏观经济变量对基本回归结果的影响，本章加入了监测断面所属市的地区生产总值增长率、人均地区生产总值、工业企业个数、工业废水排放量、污水处理厂集中处理率、人口密度控制变量，同时也加入了月平均温度及降水量变量。通过表5-6的检验结果发现，无论是如何加入控制变量，无论是线性回归模型还是有序 probit 模型回归，其估计结果均再次验证了基本回归结果的稳健性。

表5-6　　　　**稳健性检验回归结果**

	Linear rmodel		Ordered probit regression		
	(1)	(2)	(3)	(4)	(5)
policy	-0.265***	-0.293**	-0.307***	-0.298***	-0.276***
	(0.000)	(0.000)	(0.000)	(0.003)	(0.004)

续表

	Linear rmodel		Ordered probit regression		
	(1)	(2)	(3)	(4)	(5)
control	yes	yes	yes	yes	yes
Area fixed effect	no	yes	no	no	yes
Month fixed effect	no	yes	no	yes	yes
Observations	2736	2736	2736	2736	2736
Adj/Pseudo R2	0. 136	0. 198	0. 157	0. 175	0. 278

注：(1)“ ** ”“ *** ”分别表示 5%和 1%的显著性水平。

(2)括号内为 *P* 值。

5.5　政策影响异质性分析

已有文献研究发现，水环境监测的国控区相对于其他水域更容易受到地方政府的关注，它们会为了政治目的加强国控点水域的水环境保护。2000 年以后，中国各省市陆续开始了地表水国控点的建设。“十三五”国家地表水环境质量监测网设置方案在“十二五”测网基础上重新优化布局，长江流域国控断面数量由 160 个增加到 648 个。本章搜集了 2014 年 1 月至 2019 年 1 月地表水国控监测点位的位置及变更情况，对照长江流域重点水域监测断面来确定是否处在国控点。经过对照分析后发现，并非所有的长江流域监测断面都处于国控点上，这有理由相信水质的变好并非是由于处于国控点而导致。但是，长江流域监测断面是否处于国控点，是否会让河长制的执行具有异质性，则是一个值得深入的问题。本章设置了是否为国控点的虚拟变量及虚拟变量与河长制执行虚拟变量的交互项来测度。如果监测断面属于国控点则虚拟变量设置为 1，否则为 0。

表 5-7 是加入国控点虚拟变量及其与河长制是否执行的交互项的有序 probit 模型检验结果。通过分别加入控制变量，地区固定效应及月份时间

固定效应的不同回归结果可以发现，三个模型中，是否为国控点的虚拟变量均通过估计系数的显著性检验，国控点与河长制虚拟变量的交互项的估计系数也均显著为负。这说明相对于其他长江流域的水域，国家监测断面的水域在河长制实施后其水质有显著的提高，这意味着河长制在对于辖区水质的改善具有异质性，首先会着力改善国家监测断面的水域。地表水国控点是由中国环保部配合地方政府设立，对全国水环境的监测，是对地方水环境监管的重要监测信息，直接由中央政府负责及审核。地方官员在中央政策的引导下会改变自身的行为模式以期达到政治目的。因此，在同等条件下，长江流域国控监测断面水质的改善就成为地方政府河长制执行的重点。

表 5-7　　异质性分析结果

	Ordered probit regression		
	(1)	(2)	(3)
policy	−0.253***	−0.224***	−0.285***
	(0.000)	(0.000)	(0.000)
policy_guok	−0.304**	−0.357**	−0.402*
	(0.045)	(0.037)	(0.074)
dum_guok	0.471**	0.522**	0.542**
	(0.020)	(0.024)	(0.037)
control	no	no	yes
Area fixed effect	no	yes	yes
Month fixed effect	yes	yes	yes
Observations	3477	3477	2736
Adj/Pseudo R2	0.112	0.127	0.133

注：(1)“*”“**”“***”分别表示10%，5%和1%的显著性水平。

(2)括号内为 P 值。

5.6 基本结论

长江流经青海、西藏、四川、云南、重庆、湖北、湖南、江西、安徽、江苏、上海11个省、自治区、直辖市。长江水质的改善一直以来都是社会各界关注的焦点。作为地方治水的创新之举，河长制自执行以来，就在学术界不断讨论，目前急需通过实证数据来检验河长制的执行效果并深入讨论。本章利用有序probit模型，通过2014年1月至2019年1月的长江流域重点水域观察断面的月度水质数据，评估了河长制的政策效果。实证检验结果发现，相对于没有实施河长制改革的流域，河长制的执行显著提高了长江流域重点水域水体的质量。河长制的实施减少了当地污染排放行为的发生，同时通过污水治理改善了流域水质。本章通过选择性偏误及安慰剂检验，调整样本、改变窗口期等稳健型检验，进一步验证了基本结论的稳健性。最后，本章通过对长江流域监测断面是否处于国控点的检验分析发现，相对于其他水域，国控点水域在河长制实施后其水质显著提高，这意味着河长制在地方执行时具有异质性。

第6章 长江流域省界河长制政策效果评估

流域跨界污染问题既是水污染治理的重点也是难点。河长制作为一项水污染治理制度创新，是否能够改善跨流域水污染治理现状并产生治污成效，其背后的机制如何？为了回答这个问题，本章研究基于河长制改革背景，分析了此制度对于跨流域水污染治理的驱动机制；同时，利用有序probit模型，通过长江水系省界170个水域观察断面的月度水质类别数据，使用DID方法评估了河长制改革对长江流域省界水体水质的影响。本章分析认为，河长制下地方政府流域水污染治理的驱动源主要是自上而下的政策指令。以权威为主导力量，以政绩考核为目标，在相应的激励机制及政治性监管的介入下，倒逼地方政府加强对区域内流域水污染的治理。主要以有效的协同方式、权利作用及扩散作用驱动河长制政策的有效执行。实证结论发现，相对于没有实施河长制改革的省市，实施了政策改革但却处于河流下游，或者左右省市交界但没同时实施改革的流域，上游省市实施改革及左右省界位置区域同时改革，显著提高了交界流域水体水质。这说明河长制政策的实施有利于省界水体水质的改善，一定程度上缓解了长江流域省界“九龙治水”的困境。

6.1 长江流域省界河长制治理机制分析

本研究认定各省市全面河长制政策实施的时间是各省市人民政府办公厅印发相关河长制政策全面实施通知的时间。长江流域及西南诸河各省市全境实施河长制的时间及组织形式见表 6-1。由于水质数据是月度平均值，河长制政策实施时间精确到天，考虑到政策颁布下发的时间差等原因，本研究统一将政策实施变量的取值认定为延后一个月。

表 6-1　长江流域及西南诸河各省市全境河长制实施时间及组织形式

省市	实施时间	组织形式	省市	实施时间	组织形式
青海	2017 年 5 月 27 日	省、市、县、乡、村	上海	2017 年 1 月 20 日	市、区、街道(乡镇)
西藏	2017 年 4 月 1 日	省、市、县、乡	福建	2014 年 8 月 26 日	省、市、县、乡
四川	2017 年 1 月 15 日	省、市、县、乡	甘肃	2017 年 8 月 25 日	省、市、县、乡
云南	2017 年 5 月 16 日	省、市、县、乡、村	陕西	2017 年 2 月 14 日	省、市、县、乡
重庆	2017 年 3 月 16 日	省、市、县、乡	广东	2017 年 10 月 16 日	省、市、县、乡、村
湖北	2017 年 1 月 21 日	省、市、县、乡	广西	2017 年 5 月 30 日	省、市、县、乡、村
湖南	2017 年 2 月 17 日	省、市、县、乡	贵州	2017 年 3 月 30 日	省、市、县、乡、村
江西	2015 年 11 月 1 日	省、市、县、乡、村	河南	2017 年 5 月 19 日	省、市、县、乡、村
安徽	2015 年 12 月 29 日	省、市、县、乡	浙江	2013 年 11 月 15 日	省、市、县、乡、村
江苏	2012 年 9 月 11 日	省、市、县、乡、村			

河长制在不同省市区域启动的时间不同，制度安排也不同，同时，河长制政策设计特点决定了河长的权威性只在其辖区内有效。相关文献已分析了政策实施前后对当地流域水污染治理的影响效应，有必要进一步探究河长制实施对省际流域水污染治理的影响。

河长制改革影响了各级地方政府的水污染治理行为。驱动机制的分析是本研究的关键所在，以便有针对性地为后续实证研究提供依据，这一问题的解决也为政策建议的提出提供了重要的现实证据。河长制下地方政府流域水污染治理的驱动源主要是自上而下的政策指令。以政治权威为主导力量，以政绩考核为目标，在相应的激励机制及政治性监管的介入下，倒逼地方政府加强对区域内流域水污染的治理。

(1)协同方式。由各级党政担任的河长在整合与协调各个区域及部门执行能力的时候，发挥了权威的优势，有效缓解参与者之间的冲突，使辖区内流域水环境得到改善。整体来看，河长制的协同分为以权威为依托的纵向协同、以部际联席会议为代表的横向协同和专项任务展开的混合协同三大类。

(2)权利作用。跨域水污染是个权利相互作用的场域，而跨域多元的污染治理模式已经成为水域治理的必然选择。在中国现有国情下，加之水环境本身的强外部性特点，水污染治理离不开规制等强制性权利的约束。河长制多以政府主导、行政力量推动，呈现出对权威的高度依赖，纵向权利机制发挥着主要作用。

(3)扩散性。河长制源于地方政府的水污染治理策略的创新，地方因地制宜地解决不同水域污染问题。治理效果容易被其他地方区域获知，相较于中央政府发文命令式执行改革，地方政府之间以直接观摩、消化学习并再创新的方式解决环境治理问题更容易被接受，同时节约了政策颁布实施时间，提高了工作效率。

6.2 长江流域省界河长制治理实证分析

6.2.1 长江流域省界水质统计分析

长江流域水资源保护局网站(http://www.ywrp.gov.cn)公布了自2003年6月到2017年12月的长江流域水资源质量公报。自2014年1月详细公布了省界170个水域观察断面的月度水质类别数据。长江流域及西南诸河省界水体水质状况表将水质类别分为6类，分别为Ⅰ、Ⅱ、Ⅲ、Ⅳ、Ⅴ与劣Ⅴ类。基于研究目的及长江水质量数据的可得性及可比性，选取的数据区间为2014年1月至2016年12月，除去因设备故障等原因导致的“本月未测”数据，本研究共选取了4680个样本，各长江水系水质情况见表6-2。

监测点所在城市月平均温度数据由中国天气网站(http://www.weather.com.cn)提供的每天气温数据计算所得。

表 6-2　**长江流域省界水体水质状况数据概述**

序号	长江水系	河流/湖库数量	平均水质评级
1	长上干	14	2.412
2	金沙江水系	9	2.481
3	嘉陵江	21	2.166
4	乌江	6	2.264
5	长中干	10	2.719
6	洞庭湖水系	23	2.698
7	汉江	22	2.038
8	鄱阳湖水系	8	2.156
9	长下干	15	3.202
10	澜沧江水系	2	2.097

河长制政策实施前后长江流域省界水体水质的变化情况见表 6-3。表 6-3 报告了在河长制政策颁布前后，不同长江水系监测到的水质级别的数量及其占总量的比重。从表 6-3 可以看出，政策改革在 2014 年到 2016 年间主要集中在长江中游的干流区域、洞庭湖水系、鄱阳湖水系及长江下游的干流区域的 56 个河流、湖及水库。这些流域既有平均省界水体水质较好的鄱阳湖水系，又有相当较差的长江中游的干流区域。河长制政策颁布后，改革区域省界水体水质中的 IV 类、V 类及劣 V 类水质占比均有所下降，III 类水质占比均有上升。下文继续通过 DID 方法分析河长制实施对省际流域水污染治理的效应评估。

表 6-3　河长制实施前后长江流域省界水体水质变化情况

长江水系	政策颁布前水质类别数量及占比						政策颁布后水质类别数量及占比					
	Ⅰ类	Ⅱ类	Ⅲ类	Ⅳ类	Ⅴ类	劣Ⅴ类	Ⅰ类	Ⅱ类	Ⅲ类	Ⅳ类	Ⅴ类	劣Ⅴ类
沧澜江	8 (0.026)	281 (0.930)	12 (0.040)	0 0.000	1 (0.003)	0 (0.000)						
长上干	49 (0.097)	281 (0.558)	115 (0.228)	36 (0.071)	20 (0.040)	3 (0.006)						
金沙江水系	29 (0.090)	154 (0.475)	113 (0.349)	17 (0.052)	6 (0.019)	5 (0.015)						
嘉陵江	87 (0.115)	466 0.616	173 (0.229)	27 (0.036)	1 (0.001)	2 (0.003)						
乌江	74 (0.343)	69 (0.319)	37 (0.171)	22 (0.102)	6 (0.028)	8 (0.037)						
长中干	7 (0.022)	114 (0.355)	163 (0.508)	29 (0.090)	7 (0.022)	1 (0.003)	1 (0.026)	17 (0.436)	21 (0.538)	0 (0.000)	0 (0.000)	0 (0.000)
洞庭湖水系	63 (0.080)	368 (0.466)	222 (0.281)	57 (0.072)	34 (0.043)	45 (0.057)	1 (0.026)	16 (0.410)	20 (0.513)	2 (0.051)	0 (0.000)	0 (0.000)
汉江	227 (0.287)	421 (0.532)	80 (0.101)	32 (0.040)	15 (0.019)	17 (0.021)						
鄱阳湖水系	13 (0.090)	113 (0.785)	16 (0.111)	2 (0.014)	0 (0.000)	0 (0.000)	5 (0.035)	97 (0.674)	41 (0.285)	1 (0.007)	0 (0.000)	0 (0.000)
长下干	0 (0.000)	53 (0.212)	103 (0.412)	41 (0.164)	21 (0.084)	32 (0.128)	0 (0.000)	86 (0.297)	173 (0.597)	11 (0.038)	5 (0.017)	15 (0.052)

6.2.2　长江流域省界水质计量分析

1. 模型设定

鉴于长江水资源质量公报中对于长江流域省界水体水质状况的分类数据，本研究采用有序probit模型，使用DID方法分析河长制这一外生政策变动对长江流域省界水体水质的影响。实证模型设定如下：

$$\text{quality}_{i,t}=\varphi+\theta_1\text{policy}_{i,t}+\theta_2\text{treat}_{i,t}+\theta_3(\text{policy}_{i,t}\times\text{treat}_{i,t})+Q\pi+\varepsilon_{i,t} \tag{6-1}$$

其中，i表示长江流域及西南诸河交界省市水体水质状况监测点，t表示时间。$\text{quality}_{i,t}$是i监测点t时间的水体水质状况，当水质为I类时，quality取值为1，以此类推，当水质为劣V类时，quality取值为6。policy为河长制实施时间的0-1变量，交界省市在某一河流中是上下游关系，若上游省市处于改革当年月和此后取值1，否则为0；交界省市在某一河流中是左右侧关系，两侧或三侧全部实施河长制取最晚实施政策省市的改革月和此后取值1，否则为0。河长制实施第i月，分别当上游省市处于改革第i月时取值1，否则为0；交界省市在某一河流中是左右侧关系，两侧或三侧全部实施河长制后，实施政策省市的改革当月取值1，否则为0。在项目的政策和制度背景下，受到河长制政策影响的区域是本书的处理组；其余区域为对照组。treat为是否为处理组的虚拟变量，实施河长制的地区取值为1，否则为0。policy×treat为政策执行年份虚拟变量与地区政策执行虚拟变量的交互项。π表示一系列控制变量，包括监测点所属区域的月平均温度、监测点所属区域的虚拟变量、监测点所属河流的虚拟变量、月份的虚拟变量、监测点当月气温的平均值。

2. 计量回归结果讨论

表6-4是河长制政策评估的基本回归结果。列(1)与列(2)是利用长江流域及西南诸河交界省市水体水质数据，根据式(6-1)使用线性概率模型

回归得到的实证结果。列(1)加入了水质检测点所在区域的月平均温度变量及个体固定效应，回归结果显示，河长制政策与处理组的交互项系数为负数，并在5%的显著水平上显著，这表明相对于没有实施河长制改革的省市，或实施了政策改革但却处于河流下游，或左右省市交界但没同时改革的流域，上游省市实施改革及左右省界位置省市同时改革显著提高了交界流域水体水质。河长制改革减少了污染物的排放，同时通过污水治理改善了省界流域水质。表6-4列(2)在列(1)控制变量的基础上加入了水质监测的所在区域的月份固定效应及所在河流的固定效应，交互项的回归系数仅仅是显著性略微改变，系数方向依旧为负。表6-4列(3)是加入了温度、个体效应、月份效应及河流效应的有序probit模型回归结果，交互项的系数显著为负。

表6-4　　　　**基本回归结果**

解释变量	Linear rmodel		Ordered probit regression
	(1)	(2)	(3)
jiaohu	-0.385*	-0.823**	-0.765**
	(0.072)	(0.049)	(0.041)
treat	-0.478*	-0.168*	-0.151**
	(0.055)	(0.064)	(0.045)
policy	-0.182**	-0.775**	-0.615**
	(0.031)	(0.027)	(0.039)
temperature	Yes	Yes	Yes
Individual fixed effect	Yes	Yes	Yes
Month fixed effect	No	Yes	Yes
River fixed effect	Yes	Yes	Yes
Constant	2.174***	2.209***	
	(0.000)	(0.000)	
Observations	4680	4680	4680
Adj/Pseudo R2	0.061	0.126	0.061

注："*""**""***"分别表示10%、5%和1%的显著性水平；括号内为P值。

表6-5是稳健性检验的回归结果。列(1)与列(2)是使用线性概率模型回归得到的实证结果。列(3)至列(5)是有序probit模型回归结果。由于江苏省最早试点河长制改革，并且跟浙江省一样早于样本2014年1月前就在全省实施了改革。考虑以上因素对回归的可能影响，本研究删除了相关两个省的省界水质监测的数据再次回归。列(1)与列(3)分别是删除两省相关样本的线性概率模型及有序probit模型回归结果。交互项的回归结果依旧是显著为负。长江水资源质量公报公布了长江流域及西南诸河的省界水质检测数据，但是沧澜江水系不属于长江流域，本研究进一步剔除相关数据验证结论的稳健性。列(2)与列(4)是在删除江苏与浙江相关数据的基础上，剔除了沧澜江水系所有监测点数据得到的回归结果。两个回归结果显示交互项的结论显著为负。根据水污染外溢的特点，上下游关系的省界监测点水质数据更能反映河长制政策实施对省界水质的影响。本研究剔除了所有非上下游关系交界的省市监测点数据，再次进行有序probit模型回归，结果见列(5)。列(5)结果再次验证了基本结论的稳健性。

表6-5　　**稳健性检验回归结果**

解释变量	Linear rmodel		Ordered probit regression		
	(1)	(2)	(3)	(4)	(5)
jiaohu	−0.695**	−0.658**	−0.602*	−0.597**	−0.643***
	(0.030)	(0.045)	(0.093)	(0.026)	(0.006)
treat	−0.133*	−0.344***	−0.121*	−0.132*	−0.157***
	(0.055)	(0.006)	(0.079)	(0.077)	(0.006)
policy	−0.565***	−0.590**	−0.388***	−0.390***	−0.291***
	(0.000)	(0.000)	(0.004)	(0.004)	(0.004)
temperature	Yes	Yes	Yes	Yes	Yes
Individual fixed effect	Yes	Yes	Yes	Yes	Yes
Month fixed effect	Yes	Yes	Yes	Yes	Yes
River fixed effect	Yes	Yes	Yes	Yes	Yes

续表

解释变量	Linear rmodel		Ordered probit regression		
	(1)	(2)	(3)	(4)	(5)
Constant	2.196***	2.120***			
	(0.000)	(0.000)			
Observations	4500	4428	4500	4428	3816
Adj/Pseudo R2	0.131	0.134	0.061	0.060	0.078

注：(1)“ * ”“ ** ”“ *** ”分别表示 10%、5%和 1%的显著性水平；括号内为 P 值。

(2)第(1)与(3)列去掉了江苏、浙江的样本；第(2)与(4)列去掉了江苏、浙江的样本，同时去除了沧澜江水系监测点的数据；第(5)列去掉了江苏、浙江的样本，去除了沧澜江水系监测点的数据，同时去除掉所有非上下游关系的交接省市。

式(6-1)中认定的政策实施时间为各省市人民政府办公厅全面河长制政策公布时间的下一个月。由于河长制政策文件由上级地方政府逐级下发，各级地方政府组织学习、全面落实政策等相关工作需要一定的时间，各污染源的治理也需要时间调整。因此，为了分析政策实施后多久可以对省界流域的水质有影响，本研究对政策颁布后的时间进行了月度分解。河长制实施第 i 月，处于改革第 i 月的区域变量值取值 1，其余为 0；交界省市处于左右侧关系，两侧或三侧全部实施河长制后，实施政策省市的改革当月取值 1，其余为 0①。表 6-6 中汇报了有序 probit 模型回归结果。列(1)至列(7)分别为河长制政策改革的第一个月、第三个月、第五个月、第七个月、第九个月与第十一个月的回归结果②。从回归结果来看，改革的第一个月与第三个月交互项及政策变量的系数并不在统计上具有显著性。表

① 由于江苏、浙江两个省早在样本开始期就全面实施了河长制改革，因此相关监测点的政策值都设置为 0。

② 本研究对前 11 个月的政策分别设置了虚拟变量，进行了有序 probit 模型回归，但限于篇幅，并没有给出回归结果，同时也没有汇报 treat 组的回归结果，倍差法主要关注的是交互项的估计系数。

6-6中的列(6)显示，改革的第十一个月开始，交互项的统计系数开始显著为负，说明改革的成效出现在第十一个月，至此省界的水质得到了改善。由于本研究将江苏、浙江两个省相关监测点的政策值都设置为0，为了检验的稳健性，列(7)剔除了相关数据再次进行回归，结果验证了列(6)的回归结论。

表6-6　　河长制政策月份分解

解释变量	第一月	第三月	第五月	第七月	第九月	第十一月	第十三月
	(1)	(2)	(3)	(4)	(5)	(6)	(7)
jiaohu	0.906	0.302	-0.795	-0.691	-0.585	-0.575***	-0.577***
	(0.230)	(0.112)	(0.108)	(0.143)	(0.123)	(0.000)	(0.000)
改革第一月	0.004	0.002	-0.006	0.010	0.017	0.026	0.025
	(0.198)	(0.199)	(0.198)	(0.167)	(0.145)	(0.141)	(0.137)
改革第三月		0.144	0.150	0.154	0.160	-0.170	0.168
		(0.256)	(0.239)	(0.229)	(0.211)	(0.208)	(0.191)
改革第五月			0.216	0.220	0.227	0.236	0.257
			(0.382)	(0.373)	(0.359)	(0.341)	(0.343)
改革第七月				0.133	0.139	0.148	-0.148
				(0.588)	(0.570)	(0.546)	(0.549)
改革第九月					-0.218	-0.227	-0.226
					(0.373)	(0.253)	(0.256)
改革第十一月						-0.285***	-0.386***
						(0.003)	(0.007)
temperature	Yes	Yes	Yes	Yes	Yes	Yes	Yes
Individual fixed effect	Yes	Yes	Yes	Yes	Yes	Yes	Yes
Month fixed effect	Yes	Yes	Yes	Yes	Yes	Yes	Yes
River fixed effect	Yes	Yes	Yes	Yes	Yes	Yes	Yes
Observations	4680	4680	4680	4680	4680	4680	4500
Adj/Pseudo R2	0.108	0.108	0.108	0.108	0.108	0.108	0.107

注：(1)“*”“**”“***”分别表示10%、5%和1%的显著性水平，括号内为P值。

(2)第(7)列去掉江苏、浙江样本。

6.3　研究结论

基于河长制的改革背景分析了河长制的驱动机制，评估其政策实施对省界流域水污染治理的影响。本研究利用有序probit模型，通过长江水系省界170个水域观察断面的月度水质类别数据，使用DID方法分析河长制这一外生政策变动对长江流域省界水体水质的影响。研究结果发现，相对于没有实施河长制改革的省市，实施了政策改革但却处于河流下游，或者左右省市交界但没同时实施改革的流域，上游省市实施改革及左右省界位置省市同时改革会显著提高交界流域水体水质。河长制政策的实施有助于降低污染行为，同时通过污水治理改善了省界流域水质。本研究通过删减特殊样本，改变窗口期等稳健型检验进一步验证了基本结论的可靠性。河长制的实施对于改善省界水质有一定的作用，但是这种有益影响的前提是省界上游区域有效实施了河长制政策。

第 7 章　太湖流域水污染治理效果评估

重点城市与长江流域的水体监测点多位于国控点及中央政府的水环境监测范围内。而省内流域水污染更为严重，河长制就起源于江苏省无锡市的蓝藻污染事件。因此，本研究选择太湖流域作为分析对象，同时选取水质指标和水质达标率作为因变量来分析河长制的政策效果，通过 DID 方法分析在不同的水质指标下，太湖流域河长制实施是否促进了该区甚至整个水域水质的提升。研究发现，河长制的实施并没有提高太湖流域水质类别，改善流域水体质量，但显著提高了水功能区水质的年平均达标率。研究从以下两个视角给出了解释：第一，部分水功能区水质类别逐渐趋同于地方政府设立的水质目标 III 级，包括初期水质为 I 级和 II 级的水功能区；第二，部分水功能区水质发展愈加不平衡，相对容易治理污染的水功能区水质逐步达标，但难以治理的水域水质越加恶劣。异质性分析显示，相对于其他太湖水域，国控点水域在河长制实施后其水质类别及年达标率均显著提高。因此，研究分析认为河长制政策的执行在太湖流域具有选择性及异质性。

7.1　太湖流域河长制改革

7.1.1　改革历程及水质分析

河长制是由当地党政主要负责人兼任河长，负责其辖区内的河流水污染治理及水质保护。2007 年初夏，因无锡河流蓝藻暴发引起的水污染造成供水危机受到了国内外的广泛关注。为了根治污染，江苏省政府制定了于无锡试点河长制治水的创新思路。2007 年出台了《无锡市河(湖、库、荡、氿)断面水质控制目标及考核办法(试行)》，要求将 79 个河流断面水质的监测结果纳入各市(县)、区党政主要负责人(即河长)政绩考核。2008 年出台了《中共无锡市委无锡市人民政府关于全面建立“河(湖、库、荡、氿)长制”，全面加强河(湖、库、荡、氿)综合整治和管理的决定》，明确了组织原则、工作措施、责任体系和考核办法，要求在全市范围推行河长制管理模式。2010 年，随着无锡河长制改革的深入，苏州、常州等江苏省其他地区迅速跟进改革。2012 年 9 月 11 日，江苏省政府办公厅印发了《关于加强全省河道管理河长制工作意见的通知》，河长制在江苏省全境实施，形成了以省级河长、市级河长、县级河长、乡镇级河长与村级河长带头的五级联动河长制体系。

随着江苏省河长制改革后辖区内水质的改善，2013 年 11 月，浙江省在全境范围内实施河长制。浙江省形成了最强大的河长阵容，拥有 6 名省级河长、199 名市级河长、2688 名县级河长、16417 名乡镇级河长及 42120 名村级河长，初步形成五级联动河长制系统。2016 年 10 月 11 日，中央全面深化改革领导小组第 28 次会议文件《关于全面推行河长制的意见》的审议通过，意味着河长制由地方政府的创新行为上升为全国性的流域水环境治理和保护制度。

本研究认定各市全面河长制实施的时间是各市人民政府办公厅印发相关河长制全面实施通知的时间。太湖流域各地级市及直辖市实施河长制的时间及组织形式见表 7-1。由于水质数据是月度值，河长制实施时间精确到天，考虑到政策颁布下发的时间差等原因，本研究将政策实施时间认定为政府文件颁布的下一个月。太湖流域最早进行河长制试点解决水污染问题，如无锡辖区水域从 2007 年 8 月试点开始截至 2017 年 12 月历经 10 年，相较于其余水域有较长的时间反应政策治理效果。因此，本研究选择太湖为研究对象分析河长制的执行对污水治理的政策效果。

表7-1 **太湖流域各市河长制政府文件公布时间及组织形式**

城市	实施时间	组织形式
无锡	2007年7月23日	省、市、县、乡、村
苏州	2012年12月06日	省、市、县、乡、村
常州	2013年3月27日	省、市、县、乡、村
上海	2017年1月20日	市、区、街道(乡镇)
嘉兴	2012年9月10日	省、市、县、乡、村
湖州	2013年8月08日	省、市、县、乡、村
杭州	2014年4月17日	省、市、县、乡、村

本研究中太湖流域水质数据来自水利部太湖流域管理局官方网站（http：//www.tba.gov.cn/），其中的《太湖流域及东南诸河重点水功能区水资源质量状况通报》公布了2004年1月至今的水功能区水质月度数据。通报中将水质类别分为6类，分别为Ⅰ、Ⅱ、Ⅲ、Ⅳ、Ⅴ与劣Ⅴ，其中I类水质良好，II类水质受轻度污染，III类水质经过处理后也能供生活饮用，Ⅳ类以下水质恶劣。2007年之前的监测点较少，水功能区水质数据不全；2017年以后新建很多监测点，重新划分成了96个一级水功能区，包括保护区、缓冲区、开发利用区，每年的数量略有不同。鉴于面板数据的连续性与研究所需数据的全面性，本研究选择了2007—2017年间的太湖一级水功能区月度数据。太湖流域的一级水功能区数在2014年前一直稳定于73个左右。2014年经国务院批复，太湖流域及东南诸河重点水功能区数量及监测断面进行了相应调整，因此有一定的数据缺失。在删减掉因调整造成数据不完善的水功能区后，本研究共选取了62个一级水功能区，8184个样本数据。

通报中绝大部分水功能区水质数据取决于单一监测断面(点)，少数水功能区是由多个监测断面(点)监测所得，如望虞河江苏调水保护区，是由江边闸内、张桥、大桥角新桥、望亭立交闸下4个监测断面(点)数据监测得到。本研究认定水功能区所在地级市是根据其监测断面(点)所在地区决定，涉及多个监测断面(点)时，选取其中多数监测断面(点)所在的地级市。62个水功能区所在地级市集中在无锡市、苏州市、常州市，杭州市、嘉兴市、湖州市和上海市。样本期间内水功能区所在地级市平均水质趋势图见图7-1。从图7-1可以看出，水功能区所在地级市平均月度水质类别在样本区间内初期差异很大，湖州水质较好，无锡水质较差；中期水质整体都较不好；后期一些地级市的水质有了少许提高，但湖州的水质却愈加恶劣。除此之外，本研究绘制了样本期间太湖水功能区所在地级市水质年平均达标率的散点图，见图7-2。不同于图7-1的趋势，2007—2017年太湖水功能区所在地级市水质年达标率呈逐年上升的趋势。

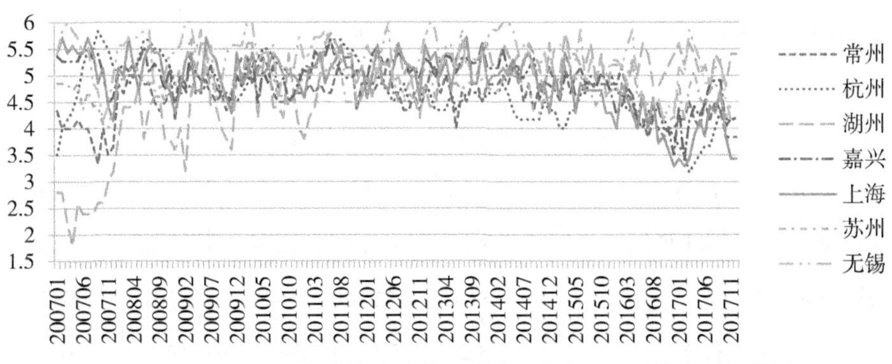

图7-1 2007—2017年太湖水功能区所在地级市月度平均水质趋势图

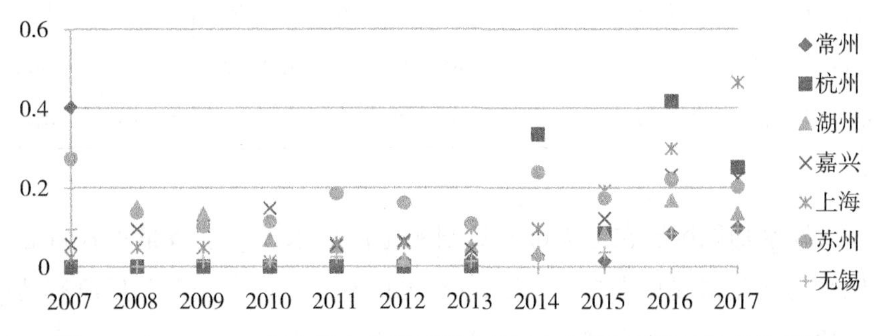

图7-2 2007—2017年太湖水功能区所在地级市水质年平均达标率散点图

水功能区所在地级市的工业企业数、工业废水排放量、污水处理厂集中处理率、城市居民消费价格指数、地区生产总值及其增长率、人口密度、第二产业占地区生产总值比、消费指数等数据来源于2007—2017年《中国城市统计年鉴》，水功能区所在地级市的月平均温度、月平均降水量来源于各个地级市统计局官方网站与各个地级市相应年份的统计年鉴，如《无锡统计年鉴》，主要变量的描述见表7-2。

表7-2　　主要变量统计特征

变量名	样本数	均值	标准差	最小值	最大值
quality(水质类别)	8184	4.880	1.080	1	6
standard(水质达标情况)	8184	0.120	0.320	0	1
goal(水质目标)	8184	2.920	0.270	2	3
area(河长,km;面积,km^2;库容,$10^8 m^3$)	8184	40.230	132.890	1.090	972.900
temperature(当月平均温度,℃)	8184	17.180	8.900	0.600	32.400
precipitation(当月降水量,mm)	8184	111.030	82.910	2.900	757.400
enterprise(工业企业数,个)	8184	7232.630	344.160	2309	18792
sewage(工业废水排放量,万吨)	8184	33532.030	19491.130	8469	80468
treatment(污水处理厂集中处理率,%)	8184	84.140	7.480	65.100	97.100
gdp_g(地区生产总值增长率,%)	8184	9.900	2.560	6.630	16
gdp_p(人均GDP，元)	8184	91684.120	35387.230	34596	195388.100
density(人口密度，人/平方公里)	8184	988.020	565.530	260.870	3816

太湖水功能区所在地级市河长制实施前后水质类别数量占各自总数量比重的变化情况见表7-3。从表7-3可以看出，河长制改革后所有地级市水功能区水质均达不到I类标准。II、III与V类标准的水质数量占比均有所上升，IV与劣V类水质数量占比有所下降。后续本研究会通过实证分析具体验证河长制的政策执行效果，并给出解释。

表 7-3　**河长制实施前后太湖水功能区所在地级市水质变化情况**

城市	政策颁布前各级水质数量占比						政策颁布后各级水质数量占比及变化情况					
	I	II	III	IV	V	劣V	I	II	III	IV	V	劣V
无锡	0%	0%	2.0%	8.2%	8.2%	81.6%	0%(→)	0.6%(↑)	3.0%(↑)	13.1%(↑)	34.9%(↑)	48.5%(↓)
嘉兴	0%	1.0%	7.6%	20.9%	23.9%	46.7%	0%(→)	1.2%(↑)	12.9%(↑)	15.6%(↓)	48.4%(↑)	21.9%(↓)
苏州	0%	1.8%	15.1%	21.7%	18.7%	42.7%	0%(→)	2.0%(↑)	17.0%(↑)	17.1%(↓)	34.5%(↑)	29.4%(↓)
常州	0%	5.6%	14.7%	21.6%	24.9%	33.3%	0%(→)	0.3%(↓)	24.3%(↑)	13.7%(↓)	42.1%(↑)	19.6%(↓)
湖州	1.5%	7.8%	15.9%	27.6%	19.0%	28.1%	0%(↓)	0.8%(↓)	8.7%(↑)	8.3%(↓)	31.3%(↑)	50.9%(↑)
杭州	0%	0%	1.1%	28.4%	43.2%	27.3%	0%(→)	0%(→)	27.3%(↑)	25.0%(↓)	47.7%(↑)	0%(↓)
上海	0%	0.4%	9.2%	22.7%	29.8%	38.0%	0%(→)	3.9%(↑)	40.3%(↑)	23.4%(↑)	28.6%(↓)	3.9%(↓)

7.1.2　考核制度

尽管河长制在江苏省的试点早于2007年，但是相应科学、明确的考核机制并没有及时建立。2017年8月17日，江苏省河长制办公室颁布了文件《江苏省河长制验收办法》。该文件从实施方案、组织体系、制度建立与工作展开四个大类对河长制的验收内容进行了规定。其中，关于工作展开验收中河长履职情况的验收要求是“总河长、河长按照职责和要求开展工作，工作成效明显”。随着省级文件的下达，江苏省各个地级市在此基础上展开了当地河长制的验收工作。通过这些河长制验收文件可以看出，此前河长制的制度考核侧重在制度与组织形式的建立。直到2018年5月11

日，江苏省政府出台《江苏省河长制湖长制工作2018年度省级考核细则》。该文件指出，“河长制湖长制工作纳入干部考核内容，把河长制湖长制工作年度考核结果作为党政领导干部综合考核评价的重要依据”。该文件强调了河长制工作的重要性及在地方政府政绩考核中的重要地位。浙江省政府2017年8月17日颁布了《浙江省2017年度河长制长效机制考评细则》。相较于比较宏观的江苏省考核机制，浙江省的河长制考核除了制度安排上的任务外，还有关于消除劣V类水体的条目。但是，对于河流水质的考核细则仅仅为“河道水质发黑发臭等情况；河水水质呈现牛奶河等水质异常情况；河道保洁不及时，河岸垃圾堆积、河面垃圾漂浮等情况；河道淤积等情况”，对于改善水体质量并没有相关具体细则，亦没有相应的考核办法及问责制度。

7.2 太湖流域河长制评估实证分析

7.2.1 模型设定

鉴于水利部太湖流域管理局官网公布的太湖流域水质状况数据特点，本研究采用有序probit模型，使用DID方法分析河长制改革对太湖流域水质的影响。实证模型设定如下：

$$\text{quality}_{i,t} = \varphi + \theta \text{policy}_{i,t} + Q\pi + \varepsilon_{i,t} \tag{7-1}$$

式中，i表示太湖流域水功能区；t表示时间；$\text{quality}_{i,t}$是i水功能区t时间的水体水质状况，当水质为I类时，quality取值为1，以此类推，当水质为劣V类时，quality取值为6；policy为河长制实施时间的0-1变量，太湖流域水功能区所在地级市实施了河长制的政策改革和此后月份取值1，否则为0；π表示一系列控制变量(包括水功能区所属地级市的月平均温度、月平均降水量，以及月份是否在水域的枯水期、月份是不是水域的最高水位、月份是不是水域的最低水位的虚拟变量)。温度、湿度、降水、水流量、水位等影响了水流量与速度，对河流水污染有重要影响(Wang等，2018)，控制变量还包括水功能区所在河流、湖泊或水库的长度、面积或者库容；水功能区所在地级市的宏微观经济变量，如地区生产总值增长率，人均地区生产总值及其平方项，第二产业占地区生产总值的比重，工业企业个数，工业废水排放量，污水处理厂集中处理率，人口密度；水功能区所属地级市的虚拟变量，水功能区所属河流、湖泊或水库的虚拟变量，月份的虚拟变量等；当进行河长制执行是否影响水质达标率的分析检验时，因变量为水质年平均达标率 standard，其余变量不变；地方政府年终分析水质达标率时也是取年平均值；$\varepsilon_{i,t}$ 为误差项。

7.2.2 相关结果分析

1. 基本结果

表 7-4 列出了因变量为太湖水功能区水质类别的河长制政策评估基本回归结果。表 7-4 的所有回归结果均加入个体固定效应、月份固定效应及水功能区所在河流固定效应(河流、湖泊或水库固定效应的简称)。其中，表 7-4 列(1)、列(2)与列(3)的结果是根据式(7-1)使用线性概率模型回归得到的实证结果。表 7-4 的列(2)加入了水功能区所属地级市的月平均温度的自然对数变量，月平均降水量的自然对数变量，月份是否在水域的枯水期的虚拟变量，月份是否水域的最高水位的虚拟变量，月份是否水域的最低水位的虚拟变量，以及水功能区所在河流、湖泊或水库的长度、面积或者库容的自然对数变量。回归结果显示，河长制是否执行虚拟变量的估计系数为正值，并在 5%的显著水平上显著，这表明相对于没有实施改革的水域，河长制改革的实施显著提高了水质的类别，这意味着太湖流域水质质量的显著变差。表 7-4 列(3)在列(2)的基础上加入水功能区所在地级市的人口密度的自然对数、地区生产总值增长率、工业企业个数的自然对数、工业废水排放量的自然对数、污水处理厂集中处理率控制变量。回归结果显示，河长制是否执行虚拟变量的估计系数依旧显著为正，并且显著性有所提高。表 7-4 列(4)至列(7)是有序 probit 模型的回归结果，列(4)

只加了 3 个固定效应控制变量，列(5)至列(7)分别加入了不同的控制变量，其回归结果都指出河长制是否执行虚拟变量的估计系数均显著为正。

实证结果显示，河长制的实施并没有显著改善太湖流域水质的质量。河长制课题调研组深入太湖流域所在地级市的现场调研及问卷访谈发现，一些地方政府存在表面整改水污染现象，简单治理水污染行为时有发生，如打捞生活垃圾，清理工业废弃物等固体废物。但是，深入解决污水污染中的无色无味有害排放物的措施并没有见效。地方政府河长制执行中的敷衍行为也屡见不鲜。对于太湖流域地级市的现场调研显示，市政污水管网与污水分流改造工程等建设并没有及时跟进。2007 年 8 月已经开始执行河长制的江苏省无锡市，截至 2018 年尚没有完成相关治理污水工程。在太湖流域雨天污水直排现象非常常见，这跟雨污分流改造工程的不完善有很大关系。河长制的执行过程中，地方政府为了地方经济利益，存在违规给予企业在重要湿地保护区港口经营许可证，或者允许未达标的排污水企业暂时关闭污水排放工作予以应对检查，延迟或者停止水排污企业的污水排放整改任务等现象，甚至有些地方政府帮助水污染企业隐瞒污染行为，给予污水整改合格证。而污水排放企业在河长制的实施过程中，有些按要求进行污水排放工程改造，有少数企业通过虚假企业重组，或者更改、重新申请营业执照等方式继续生存。一些大型化工、能源加工企业的搬迁工程事项繁多，涉及很多利益集团，在水污染整改中举步维艰，一拖再拖。尽管大大小小河流都尽可能设置了河长，并向公众提供了负责人的联系方式，但是还存在难以与负责人取得联系的情况，与此同时，公众通过电话渠道举报污染行为的比例也很低。

2007 年至 2017 年间，绝大部分市河长制的问责制度并没有严格执行，一些问责制度流于形式，很难执行，如一些地方政府对于没有完成河长制任务的河长问责，而只是予以通报批评。问责制度没有触及河长的根本利益，河长制的实施却会影响当地的经济利益，这都导致河长制改革对当地水质改善的效果欠佳。

表 7-4 水质类别的基本回归结果

	Linear rmodel: quality			Ordered probit regression: quality			
	(1)	(2)	(3)	(4)	(5)	(6)	(7)
policy	0.066*	0.078**	0.146***	0.102*	0.123**	0.173***	0.227***
	(0.081)	(0.040)	(0.000)	(0.063)	(0.02)	(0.002)	(0.000)
ln_precipitation		0.029	0.035		0.036	0.038	0.046
		(0.211)	(0.140)		(0.279)	(0.258)	(0.185)
ln_temperature		-0.125***	-0.131***		-0.204***	-0.237***	-0.209***
		(0.000)	(0.000)		(0.000)	(0.000)	(0.000)
area		0.037	0.082		0.045	0.065	0.099
		(0.513)	(0.155)		(0.555)	(0.391)	(0.213)
dry		-0.301**	-0.366		-0.090	-0.121	0.021
		(0.036)	(0.121)		(0.656)	(0.550)	(0.946)
max		-0.306**	0.556**		0.911***	0.932***	1.173***
		(0.035)	(0.015)		(0.000)	(0.000)	(0.000)
min		-0.277*	-1.104***		-0.373*	-0.403**	-0.820**
		(0.057)	(0.000)		(0.061)	(0.044)	(0.010)
ln_density			0.373***			1.020***	0.485***
			(0.003)			(0.000)	(0.009)
gdp_g			0.035**			0.032	0.066***
			(0.027)			(0.120)	(0.005)
ln_enterprise			0.024***			0.062***	0.032***
			(0.004)			(0.000)	(0.010)
treatment			-0.004*				-0.007**
			(0.089)				(0.047)
ln_sewage			-0.087*				-0.147**
			(0.065)				(0.037)
Individual fixed effect	Yes	Yes	Yes	Yes	Yes	Yes	Yes

续表

	Linear rmodel: quality			Ordered probit regression: quality			
	(1)	(2)	(3)	(4)	(5)	(6)	(7)
Month fixed effect	Yes	Yes	Yes	Yes	Yes	Yes	Yes
River fixed effect	Yes	Yes	Yes	Yes	Yes	Yes	Yes
Constant	3.218***	4.970***	0.594				
	(0.000)	(0.000)	(0.634)				
Observations	8184	8184	8184	8184	8184	8184	8184
Adj/Pseudo R^2	0.489	0.491	0.500	0.233	0.234	0.236	0.242

注："*""**""***"分别表示10%、5%和1%的显著性水平。括号内为*P*值。

中央环保督察组2018年在江苏巡查时发现了地方政府存在虚报业绩的情况，如江苏省靖江市将不存在的服务站码头列入水污染专项整治清单。这也就意味着河长制的执行对地方政府的行为有一定的影响，为了完成政绩，达到政治诉求目的，地方政府会采取一些措施来实现河长制的硬性目标规定，如尽量让水功能区水质达标。为了检验河长制的执行是否会对地方政府完成水质改善目标有影响，本研究继续进行了以水功能区的年平均达标率为因变量的检验。表7-5列出了河长制是否执行对水功能区年平均达标率的固定效应回归结果。表7-5中所有回归检验均加入了个体及月份固定效应，列(2)在列(1)的基础上加入水功能区所属地级市的月平均温度的自然对数变量，月平均降水量的自然对数变量，月份是否在水域的枯水期的虚拟变量，月份是不是水域的最高水位的虚拟变量，月份是不是水域的最低水位的虚拟变量。列(3)在列(2)的基础上加入了水功能区所在地级市的人口密度的自然对数、地区生产总值增长率、污水处理厂集中处理率控制变量。列(4)在前列的基础上继续加入了工业废水排放量的自然对数控制变量。表7-5的回归结果均显示，河长制是否执行虚拟变量的估计系数显著为正，这表明相对于没有实施改革的水域，河长制改革的实施显著提高了水功能区水质年平均达标率，即尽管河长制的实施没有显著提高太湖流域水质，但是却提高了河长们政绩目标的完成率。

表 7-5　　水质年平均达标率的固定效应回归结果

	FE model regression：standard			
	(1)	(2)	(3)	(4)
p	0.010*	0.010*	0.012**	0.021***
	(0.086)	(0.088)	(0.048)	(0.000)
Control	No	Yes	Yes	Yes
Individual fixed effect	Yes	Yes	Yes	Yes
Year fixed effect	Yes	Yes	Yes	Yes
Constant	0.241***	0.255***	0.283**	0.326***
	(0.000)	(0.000)	(0.042)	(0.000)
Observations	8184	8184	8184	8184
R-squared	0.436	0.436	0.428	0.440

注：(1)“*”“**”“***”分别表示10%，5%和1%的显著性水平。括号内为*P*值。

(2)列(2)的控制变量：水功能区所属地级市的月平均温度的自然对数变量，月平均降水量的自然对数变量，月份是否在水域的枯水期的虚拟变量，月份是不是水域的最高水位的虚拟变量，月份是不是水域的最低水位的虚拟变量。列(3)在列(2)的基础上加入了地级市的人口密度的自然对数、地区生产总值增长率、污水处理厂集中处理率控制变量。列(4)在列(3)的基础上加入工业废水排放量的自然对数控制变量。

在整个研究样本期间内，官方设置的水功能区水质目标没有变化，其中绝大部分为III级，约占整个样本的76%；II~III级的约占整个样本的21%；I~II级的占整个样本的3%左右。但是，结合官方太湖水功能区水质通报的水质状况评价表里“达标情况”的报告反推，II~III级水质类别的达标要求只要达到III级即可，这意味着约97%的水功能区水质目标为III

级。通过对水质目标是 III 级的水功能区样本数据分析发现，样本初期(2007—2009 年)水质类别达到 II 级的水功能区[①]随着时间的推移，在中期(2010—2014 年)绝大部分水功能区的水质都会降低，而在后期(2015—2017 年)部分水功能区的水质趋好，但却在 III 级目标位置浮动[②]。结合表 7-3 与表 7-4 的结果可以看出，各个水功能区的水质尽管没有因为河长制的执行而显著改善，但是，这项政策的执行促进了地方政府完成水质达标率的要求。而这种情况下的水质达标很可能是在损害优质水质的前提下完成的，为了尽可能降低经济损失，地方政府可能会转移部分水污染排放物到水质质量高于达标要求的水域，以期达到某种均衡，使得辖区内水功能区水质都达到标准，但整体辖区内水质并没有根本性的改善。在本部分后续的拓展讨论中将继续分析各个水功能区的水质类别是否具有趋同性，趋同于某一个标准。

2. 稳健性检验

河长制最早源于无锡太湖水域爆发的大面积蓝藻事件，而河长制的实施也使得无锡域内水功能区的水质年平均达标率得到显著提高，由 2007 年的 7.1%提升到 2015 年的 44.4%(水利部太湖流域管理局，2016)。河长制的实施是否源于不良的初期水质状态，太湖区域各个市河长制改革的执行时间是否由初期水质的状况决定的？本研究为了保证基本回归结果的稳健性，参考 Galiani 等(2005)的方法进一步做分析检验，确定是否存在选择偏误问题。实证模型设定如下：

---

① 这些水功能区有：太湖湖体江苏水源地保护区贡湖段，太湖湖体江苏水源地保护区东太湖段，大溪水库及其上游常州水源地保护区，太湖苏浙边界缓冲区，望虞河江苏调水保护区，太浦河苏浙沪调水保护区，頔塘苏浙边界缓冲区，南横塘苏浙边界缓冲区，俞汇塘浙沪边界缓冲区。

② 本部分绘制了每个功能区水质类别随时间变化的散点图，限于篇幅，并未给出图。

$$\text{policy}_i = \alpha + \beta \text{quality}_i^{200701} + \lambda X_i^{200701} + \phi_i \tag{7-2}$$

式中，i 表示太湖流域一级水功能区，t 表示时间；policy_i 为太湖流域一级水功能区所在地级市河长制的实施时间；$\text{quality}_i^{200701}$ 是 i 水功能区样本初期2007年1月的水质状况；X 表示一系列控制变量，与公式(7-1)的控制变量相同，但全部取2007年1月的值；ϕ_i 为误差项。

表7-6是河长制选择性偏误的检验回归结果。通过检验结果可以看出，无论是否加入控制变量，个体固定效应，河流固定效应，功能区水质类别变量与河长制的实施时间之间并不存在显著关系。河长制的实施时间并没有因为初期水质差或好而有选择性地执行，这意味着基本回归检验结果不存在显著的选择性偏误问题。

遗漏变量会对基本回归结果产生影响，为了验证基本结论不会受到遗漏变量干扰，本研究参考已有文献的做法(Chetty 等，2009；Freedman 等，2015)，分别对水质类别及水质年平均达标率两个基本回归结果进一步采用安慰剂检验的方法处理原始数据，即通过虚构样本处理组进行回归分析。

表7-6　**选择偏误检验结果**

	policy			
	(1)	(2)	(3)	(4)
quality	-15.870	-11.020	-10.410	-10.020
	(0.513)	(0.288)	(0.329)	(0.354)
Control	No	Yes	Yes	Yes
Individual fixed effect	No	No	Yes	Yes
River fixed effect	No	No	No	Yes
Observations	62	62	62	62
R-squared	0.007	0.887	0.887	0.887

注：括号内为 P 值。控制变量包括了式(7-1)中的所有变量。

表 7-7　　安慰剂检验结果

	Ordered probit regression: quality			FE model regression: standard		
	(1)	(2)	(3)	(4)	(5)	(6)
p_q36	-0. 092			-0. 006		
	(0. 157)			(0. 734)		
p_h36		-0. 099			0. 018	
		(0. 150)			(0. 351)	
p_2010			0. 151			-0. 135
			(0. 530)			(0. 179)
Control	Yes	Yes	Yes	Yes	Yes	Yes
Individual fixed effect	Yes	Yes	Yes	Yes	Yes	Yes
Month fixed effect	Yes	Yes	Yes	Yes	Yes	Yes
River fixed effect	Yes	Yes	Yes	No	No	No
Observations	8184	8184	5952	8184	5952	8184
Adj/Pseudo R^2	0. 243	0. 243	0. 246	0. 164	0. 217	0. 094

注：(1)“ * ”“ ** ”“ *** ”分别表示 10%、5%和 1%的显著性水平。括号内为 *P* 值。

(2)第(1)(2)列是河长制时间向前推进 36 个月的回归结果；第(3)(4)列是河长制时间向后推迟 36 个月的回归结果；第(5)(6)列是时间区间 2007—2014 年的样本，同时设置 2010 年 1 月为河长制执行时间。

(3)第(1)至(3)列是有序 probit 模型，因变量是水功能区水质类别；第(4)至(6)列是固定效应模型，因变量是水功能区水质年平均达标率。

第一种方法：河长制实施的年份在各个市实施的时间不尽相同，为了进行安慰剂检验，将现有水功能区执行河长制真实时间提前 36 个月设定为政策实施时间，进行 DID 回归，结果见表 7-7 列(1)与列(4)。从其回归结果可以看出，加入所有控制变量、个体固定效应、月份固定效应及河流固定效应后，无论因变量是水质类别还是水质年平均达标率，河长制是否执行虚拟变量的估计系数均不显著。这说明虚拟构建政策实施年份的检验方法没有证明基本回归结果的偏误。第二种方法：将现有水功能区执行河长制真实时间退后 36 个月设定为政策实施时间，进行 DID 回归，结果见表

7-7 列(2)与列(5)。第三种方法：改变样本区间，同时统一设置河长制执行时间。本研究选择 2007—2014 年作为检验样本区间，同时设置 2010 年 1 月为所有城市河长制的执行时间，检验结果见表 7-7 列(3)与列(6)。从第二与第三种方法的检验结果来看，无论因变量是水质类别还是水质年平均达标率，河长制是否执行虚拟变量的估计系数均都不显著。所有安慰剂检验结果均说明虚拟构建政策实施年份的检验方法没有证明基本回归结果的偏误。

表 7-8　　　　**水质类别稳健性检验结果**

	Ordered probit regression: quality			
	(1)	(2)	(3)	(4)
policy	0.197***	0.209***		
	(0.001)	(0.002)		
L. policy			0.222***	
			(0.000)	
policy2				0.173***
				(0.005)
Control	Yes	Yes	No	Yes
L. Control	No	No	Yes	Yes
Individual fixed effect	Yes	Yes	Yes	Yes
Month fixed effect	Yes	Yes	Yes	Yes
River fixed effect	Yes	Yes	Yes	Yes
Observations	8184	7788	7502	8184
Adj/Pseudo R^2	0.243	0.245	0.245	0.243

注：(1)“*”“**”“***”分别表示 10%、5%和 1%的显著性水平。括号内为 *P* 值。

(2)第(1)增加了人均 GDP 及其二次型、第二产业 GDP 占地区总 GDP 的比重两个控制变量，其余列的控制变量与基本回归结果的控制变量一样；第(2)列去掉了检测点位于上海市的样本；第(3)列是解释变量为滞后一期的结果；第(4)列是不同的河长制实施时间设定的回归结果。

本研究为了验证基本结果的稳健性，分别对水功能区水质类别与水质年平均达标率进行了以下检验。第一，加入更多的控制变量。表 7-8 的列(1)与表 7-9 的列(1)在原有基本回归控制变量的基础上加入了水功能区所在地级市人均 GDP 及其平方项变量与第二产业产值占地区总产值比重变量。第二，排除异常样本。上海作为直辖市，直接由中央政府管辖，在经济与政治地位上与其他市不同。表 7-8 的列(2)与表 7-9 的列(2)在原有基本回归的基础上剔除了水功能区在上海市的样本，进行了相应的回归检验。第三，加入滞后期变量。考虑到前期水污染对后期的影响，可能存在解释变量与随机误差项相关的问题。本研究将所有解释变量都进行了滞后一期设置，重新加入相应模型中进行回归，结果见表 7-8 的列(3)与表 7-9 的列(3)。第四，河长制执行时间的重新认定。各市地方政府河长制文件公布均有准确日期，河长制执行时间的认定也稍有不同，本研究选择河长制文件颁布时间的下个月作为政策执行时间进行稳健性检验，结果见表 7-8 的列(4)。第五，加入联合固定效应。为了避免不同河流、湖泊与水库的水污染可能会随着时间的变化出现不同的趋势，本研究进一步加入了“月份-河流”联合固定效应，同时加入重新认定的河长制执行时间进行回归，结果见表 7-9 的列(4)。所有稳健性检验的结果均表明，没有证据显示河长制的执行对整体水质的提高有显著作用，但改革显著提高了太湖水功能区水质年平均达标率。

表 7-9　　水质年平均达标率稳健性检验结果

	FE model regression：standard			
	(1)	(2)	(3)	(4)
policy	0.011*	0.011*		
	(0.062)	(0.068)		
policy2				0.014**
				(0.022)

续表

	FE model regression：standard			
	(1)	(2)	(3)	(4)
L. policy			0.014**	
			(0.029)	
Control	Yes	Yes	No	Yes
L. Control			Yes	No
Individual fixed effect	Yes	Yes	Yes	Yes
Month fixed effect	Yes	Yes	Yes	Yes
Month_River fixed effect	No	No	No	Yes
Observations	8184	7788	7502	8184
R-squared	0.443	0.450	0.447	0.450

注：(1)"*""**""***"分别表示10%、5%和1%的显著性水平。括号内为*P*值。

(2)第(1)增加了控制变量，其余列的控制变量与基本回归结果的控制变量一样；第(2)列去掉了检测点位于上海市的样本；第(3)列是解释变量为滞后一期的结果；第(4)列是加入联合固定效应，同时不同的河长制实施时间设定的回归结果。

7.2.3 区域水质发展不平等分析

经过前面实证分析的结果看出，河长制的执行并没有效改善当地水质，但是却显著提高了地方政府完成水质目标的达标率。本研究从以下两个角度进一步探讨原因：第一，太湖流域水功能区水域质量是否具有趋同性，趋向于地方政府设置的初始目标？这意味着原本水质很好的水域即使降低水质标准，也可以达到地方设置的目标。第二，为了提高整体水质达标率，是否出现太湖流域水功能区水质类别发展不平衡性增加的现象？这意味着出现转移更多水污染到水质很差水域的可能。

1. 关于趋同性的分析

本研究选择了初期水质较好、一般、较差的 18 个水功能年平均水质类别数据进行了分析，绘制了随着时间的推移年平均水质的分布。从图 7-3 可以看出，在整个研究样本期间内，官方设置的水功能区水质目标每年没有变化，其中绝大部分为 III 级。通过对水质目标是 III 级的水功能区样本数据分析发现，样本初期(2007—2009 年)水质类别达到 II 级的水功能区随着时间的推移，在中期(2010—2014 年)绝大部分功能区水功能区的水质质量都会降低，在后期(2015—2017 年)部分功能区水功能区的水质趋好，但却在 III 级目标位置浮动。

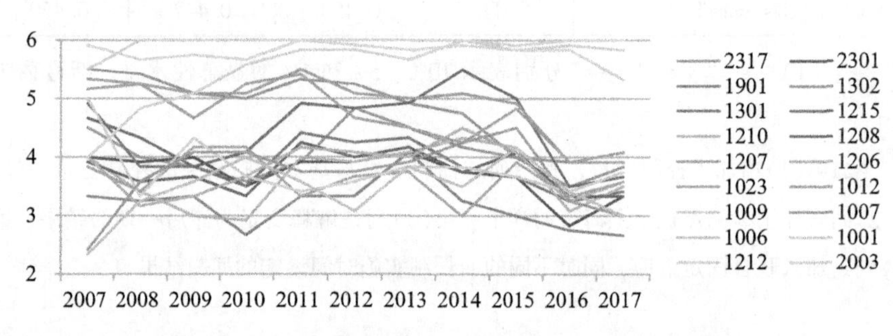

图 7-3　太湖流域水功能区水质年平均值 2007—2017

本研究选择随机趋同来检验其趋势性。随机趋同主要使用单位根检验法，即 KPSS 检验和 DF-GLS 检验。同时，本研究在 KPSS 和 DF-GLS 检验中依次加入趋势项和不加趋势项方法进行单位根检验。KPSS 检验结果显示，大部分水功能区年平均水质的时间序列通过了稳定性检验，即存在随机趋同。加入 III 级水质作为共同趋势项后，结果没有显著拒绝 KPSS 单位根检验的原假设，即通过了 KPSS 的稳定性的检验。DF-GLS 检验结果也得出类似结论。因此，大部分水功能区同时通过 KPSS 单位根检验与 DF-GLS 单位根检验，意味着太湖流域大部分水功能区水质类别存在随机趋同。结合图 7-3 的时间趋势来看，大部分水质类别在 2007—2017 年之间收敛于 III

级水质，这其中包括了初期水质较好的水域(II 级)，也在不断收敛于水质共同趋势值。

2. 关于水质发展不平衡分析

经过前面的分析还可以看出，除了部分水功能区水质类别趋向于目标值外，还有一些水质年平均值一直较差的水域，如太湖湖体江苏水源地保护区、余英溪德清源头水保护区、大德塘苏浙边界缓冲区。为了进一步分析太湖水域水质变化情况，本研究计算了河长制实施前后各个地级市管辖的水功能区年平均水质类别数量占比值，并给出河长制实施后的水质类别占比变化幅度值，见表 7-10[①]。

表 7-10 河长制实施后太湖流域地级市平均水质类别数量占比变化幅度

	不同水质类别数量占比变化幅度				
	I	II	III	IV	V& 劣 V
无锡		0→0.6%	45.6%	61.0%	327.0%
嘉兴		20.4%	71.1%	-25.3%	102.7%
苏州		9.9%	12.5%	-21.3%	84.6%
常州		-94.7%	65.5%	-36.2%	69.2%
杭州		0.0%	2300.0%	-12.0%	10.5%
湖州	-100.0%	-90.4%	-45.6%	-69.9%	65.0%

注：(1)无锡、嘉兴、苏州、常州、杭州无论政策执行前后均没有 I 级类别水功能区。

(2)无锡 II 级水功能区数量占比由 0 增加到 0.6%；其余数值均为数量占比的变化幅度值。

① 上海市于 2017 年 2 月实施河长制，其余地级市大部分于 2012—2014 年间实施，政策实施后的数据相对较少，因此，忽略了上海市的样本。

从表7-10可以看出，无论是河长制实施前后，前五个地级市均没有I级类别水质水功能区，而湖州市I级类别水质水功能区数量在实施河长制后降为0。II级水质类别的水功能区数量占比的变化幅度均有小幅度增加，但是常州与湖州的变化幅度急剧降低。大部分地级市III级水质类别的水功能区数量占比的变化幅度均大幅增长。大部分地级市IV级水质类别的水功能区数量占比的变化幅度均降低。全部地级市V与劣V级水质类别的水功能区数量占比的变化幅度均大幅增长。结合基本回归结果中关于河长制执行后水功能区水质年平均达标率增加的结论，本研究认为，水质年平均达标率增加的原因之一是接近水质目标水功能区污染的降低，同时较难改善污染的水功能区水污染的加剧。太湖流域水功能区水污染治理发展不平衡是河长制实施下水功能区水质没有得到改善，水质目标却显著提高的重要原因。

3. 河长制异质性分析

随着水资源保护意识的增强，中国设置地表水环境监测国控断面(点位)，并逐步增加监控断面(点位)的数量。自2006年1月开始，中国环境监测总站(http：//www. cnemc. cn/)报告了全国地表水月度水质情况，包括太湖流域。本研究对每月的太湖流域国控点的断面(点位)与太湖流域重点水功能区水资源质量状况通报中的监测断面点进行分析整合，确定太湖流域重点水功能区水资源质量状况通报中的监测点是否处于国控断面(点位)区域，并设置虚拟变量，以此分析河长制的执行是否会因为流域的监测点在国控点范围而出现差别。

表7-11是加入国控点虚拟变量及其与河长制是否执行的交互项的检验结果。表中列(1)至列(3)是因变量为水质类别的有序probit模型回归结果，通过加入不同的控制变量，固定效应可以发现，国控点虚拟变量均通过估计系数的显著性检验，国控点与河长制虚拟变量的交互项在加入控制变量与个体、月度、河流固定效应后估计系数显著为负。这说明相对于其他太湖水域，国家监测断面(点位)的水域在河长制实施后其水质有显著的

提高，这意味着河长制在一定时间及范围内对于辖区水质的改善具有异质性，首先会着力改善国家监测断面(点位)的水域。表中列(4)是因变量为水质年达标率的固定效应模型回归结果，加入控制变量、个体、月份固定效应可以发现，是否为国控点的虚拟变量通过估计系数的显著性检验，国控点与河长制虚拟变量的交互项的估计系数在5%显著水平下为正。这说明相对于其他太湖水域，国家监测断面(点位)的水域在河长制实施后其水质年达标率显著的提高。地表水国控点是由中国环保部配合地方政府设立，对全国水环境的监测。因此，在同等条件下，国控点水质的改善就成为地方政府河长制执行的重点。

表7-11　　**监测断面是否为国控点的检验结果**

	Ordered probit regression: quality			FE model regression: standard
	(1)	(2)	(3)	(4)
policy	0.331***	0.325***	0.296***	0.011*
	(0.000)	(0.000)	(0.000)	(0.072)
policy_gk	−0.321	−0.438**	−0.383*	0.056**
	(0.138)	(0.047)	(0.085)	(0.029)
dum_gk	0.538**	0.673***	0.605**	−0.051**
	(0.029)	(0.007)	(0.016)	(0.037)
Control	No	No	Yes	Yes
Individual fixed effect	No	Yes	Yes	Yes
Month fixed effect	Yes	Yes	Yes	Yes
River fixed effect	Yes	Yes	Yes	No
Observations	8184	8184	8184	8184
Adj/Pseudo R^2	0.037	0.067	0.071	0.178

注：“*”“**”“***”分别表示10%、5%和1%的显著性水平。括号内为P值。

7.3 研究结论

河长制作为中国当前水域污染治理的重要管制模式，分析河长的治理目标选择、全面评估政策治理效果，为河长制考核目标的改进、提高流域治理效率、完善制度建设等提供了现实依据。本研究利用太湖水功能区 2007—2017 年水质月度数据，采用有序 probit 模型，使用 DID 方法进行了细致分析。研究发现，第一，河长在选择治水目标时，会优先选择较为容易完成的考核目标——水质年达标率，辖区内水质整体改善效果欠佳。第二，部分水功能区水质类别趋同于地方政府设立的水质目标(III 级)。第三，从太湖流域各水功能区水质发展的平衡性角度分析认为，相对容易治理污染的水功能区水质逐步达标，但难以治理的水域水质愈加恶劣，初期水质很好的水域水质略有下降。第四，相对于省控监测点，国控点水域在河长制实施后，其水质类别及年达标率均显著提高。因此，河长在治理目标及水域的选择上均有差异性，河长制的治理效果也因为河长的选择性策略暂时没有达到提高整个水域水质类别的目的。

区别于以往自上而下的环境政策，河长制是地方政府自我创新并自主实施的。尽管普遍认为以往环境政策因为地方政府的选择性执行导致治理效果不佳(沈坤荣，金刚，2018)，但现阶段河长制政策在省域内湖泊等水域的治理中似乎并没有完全突破已有限制，激发地方官员积极性以达到水环境保护的目的。而河长选择性的执行河长制考核目标是很重要的原因。在中国式分权的背景下，尽管官员激励机制从单一指标变成多指标的考核体系，但绝大部分地方官员还是在仅够达成最低环境考核指标的前提下，大力推进经济发展，并没有彻底落实环境保护政策。大力治理相对容易改善的水域水质，放弃短期难以改善的水域，忽略前期水质较好的水域，期望达成所有水域均完成水质年达标率的考核要求。在区域上，因为地方政府对国控点水域考核的严格性导致河长会优先此类水域地的治理及保护。治理目标及水域范围上的差异化策略选择最终导致了环境激励政策的扭曲。因此，本研究建议河长制目标考核差异化，设置不同水域、不同地域等差异性的考核指标，才能保障辖区内整体水质的提升。同时，要设置纵向考核机制，保障同一水域水质类别不会因为发展的不平衡出现恶化。随着河长制的不断发展，考核目标也要随之变动，切实保障水环境的不断向好发展。

第 8 章　河长制政策绩效评估与障碍因素分析——基于太湖水域城市的调研

作为最早实施河长制的水域，太湖流域河长制政策绩效及其障碍因素的分析具有重要的参考价值与借鉴意义。本研究选择了太湖流域 7 个地级市(直辖市)作为调研区域，就河长制执行效果、政策本身等问题进行了细致调研、分析，希望为其余水域治理提供有效的经验证据。

8.1　调研地区及数据描述

2007 年，太湖水域严重的蓝藻污染，直接导致了无锡自来水的大面积污染，给当地生产生活造成严重危害。太湖流域作为长三角发展区的核心区域，农业发达、人口密集、企业众多、城镇林立，其重要性不言而喻。为了应对这场史无前例的环境危机，河长制应运而生。太湖水域所在城市主要有无锡、嘉兴、苏州、常州、湖州、杭州与上海，这些城市分别在 2007 年 7 月、2012 年 9 月、2012 年 12 月、2013 年 3 月、2013 年 8 月、2014 年 4 月及 2017 年 1 月颁布政府文件，宣布实施河长制来进行水环境保护。无锡、常州与苏州是江苏省三个重要的经济发展城市，无锡的水污染情况相对更为严重，也是最早试点改革城市；苏州是其中占据太湖水域最广，工业产值占比较大的城市；常州占太湖流域相对最少。浙江的嘉兴、湖州与杭州也处于太湖流域，无论是城市公共设施还是工业都是发展较好的地区。上海作为太湖流域通往海河的重要河道所在城市，其生产生活等活动也影响着太湖水质。

太湖流域水质污染问题突出，根据水利部太湖流域管理局公布的历年太湖流域及东南诸河水资源公报显示，2003年，全年期有90.6%的监测水质劣于Ⅲ类，其中，溶解氧、氨氮、高锰酸盐指数、五日生化需氧量、化学需氧量和挥发酚都超标严重。2007年，全年期有85.7%的监测水质劣于Ⅲ类，其中，氨氮、高锰酸盐指数、溶解氧、五日生化需氧量、石油类、总磷和化学需氧量均超标。到2012年，太湖流域全年期监测的水质达到或优于Ⅲ类的比重为18.7%，氨氮、高锰酸盐指数、五日生化超标。2016年，全年期监测的水质达到或优于Ⅲ类的比重还仅仅只是28.2%，到了2017年，该比重已经达到91.7%，但总磷、氨氮、五日生化需氧量和溶解氧严重超标。仅从公报数据来看，太湖流域水质自2017年有了较大的改善，但是水资源保护行动并没有结束，还有许多工作要做。实地调研河长制在此水域的执行效果，并分析出影响河长制实施的重要影响因素，对于太湖水域甚至其余水域下一步的水资源保护行动的开展都具有重要的现实意义。

满意度模型在评估地方政府公共政策绩效方面得到广泛的推广与应用，地方政府政策实施效果的评估涉及三大方面：实施者、实施对象与实施手段。河长制政策的实施是地方政府中的上级政府下达，下级政府按照政策要求安排河长与河长制各项任务安排的过程。在这个过程中，河长制实施的对象是水污染源，即对当地水环境造成污染危害的企业、农业、排水管道布局等各项生产、生活活动。因此，各级地方政府在实施河长制时，必须从当地实际情况出发，协调经济发展、居民生活、水环境治理等多方面的情况。而这些内容也是本研究进行河长制政策执行效果评估时考虑的重要方面。借鉴已有文献的研究思路(张怡梦，尚虎平，2018)，本研究结合太湖流域所在各个地级市的实际调研情况，设计了基于太湖流域居民满意度的河长制政策实施效果的绩效评估体系(具体指标见表8-1)，并据此展开了相应的问卷及问题调研及分析。

表 8-1　　　　河长制政策满意度绩效评价指标体系

目标层	指标层	符号	评分标准
河长制政策绩效	对河长制政策总体是否满意	F_1	非常满意——5 分 满意——4 分 一般——3 分 不满意——2 非常不满意——1 分
	对河长制政策设计安排是否满意	F_2	
	对河长制人事安排是否满意	F_3	
	对河长制实施范围是否满意	F_4	
	对河长制执行标准是否满意	F_5	
	对河长制执行对象是否满意	F_6	
	对河长制政策动态调整过程是否满意	F_7	
	对河长制财政支出项目公开是否满意	F_8	
	对河长制执行情况的监督与管理是否满意	F_9	
	对河长制考核方式是否满意	F_{10}	

本研究选择的问卷调查范围涉及 7 个地级市(直辖市)的市辖区范围。鉴于样本的完整性、代表性、数据的有效性及调研的成本等原因，本研究随机选择了每个研究城市对象中的 2 个市辖区进行调研，每个市辖区发放有效问卷 100 份。为了保证数据可以进行有效分析，调研组在当地审核问卷是否有明显不完整及无效性时，选择在当地继续调研补充问卷数量，因此调研问卷共发放并回收 1400 份。调研时间从 2018 年的 10 月开始，分别在每个市辖区调研，收发问卷，直到 2019 年 6 月结束。对调查问卷的信度与效度进行检验后显示，Cronbach 的 α 系数均大于 0. 71，KMO 值均大于 0. 80，Bartlett 球形检验 P 值小于 0. 01，这意味着此次调查问卷具有较高的可信度和良好的结构效度，同时也意味着调查数据能准确地反映被调查地区河长制执行的客观情况。

本调研在每个市选择 100 人进行访谈，表 8-2 报告了太湖流域各个调研区域被调查人的基本情况。从表 8-2 的数据可以看出，调研的七大区域中大部分被调查居民在性别构成、年龄分布和教育程度水平等情况基本一致。在调研对象的选择中，也考虑到了地方政府人员的评价意见，分别在每个调研区域选择了适当比例的地方政府人员与环境保护部门相关人员。在本次调查中，在充分确保具有代表性和区域差异的前提下，保证河长制政策绩效评价的准确性和可信度。

表 8-2 **调研对象的基本特征**

基本特征	分类	无锡	嘉兴	苏州	常州	湖州	杭州	上海
		比例	比例	比例	比例	比例	比例	比例
性别	男	0.56	0.61	0.58	0.63	0.54	0.54	0.51
	女	0.44	0.39	0.42	0.37	0.46	0.46	0.49
年龄	<30 岁	0.24	0.31	0.29	0.27	0.35	0.31	0.36
	30~60 岁	0.57	0.48	0.52	0.50	0.44	0.49	0.47
	>60 岁	0.19	0.21	0.19	0.23	0.21	0.20	0.17
教育程度	初中及以下	0.26	0.29	0.22	0.28	0.26	0.21	0.26
	高中	0.15	0.20	0.13	0.19	0.21	0.12	0.23
	大学	0.48	0.50	0.59	0.46	0.40	0.57	0.58
	研究生及以上	0.11	0.01	0.06	0.07	0.13	0.10	0.07
是否政府人员	是	0.07	0.11	0.10	0.10	0.10	0.09	0.11
	否	0.93	0.89	0.90	0.90	0.90	0.91	0.89
是否环保部门人员	是	0.02	0.03	0.01	0.04	0.03	0.03	0.03
	否	0.98	0.97	0.99	0.96	0.97	0.97	0.97

8.2 评估及障碍因素分析

8.2.1 评估模型及结果

借鉴高洁芝等(2018)关于调研问题的研究方法，本研究使用熵权

TOPSIS 模型来分析太湖水域河长制政策的执行效果。TOPSIS 模型(逼近理想解排序方法)是广泛被应用的决策技术，主要用来解决有限方案多目标决策问题，是基于距离作为标准评价的方法。具体来讲，此方法首先在一定数量的评估对象下，设定优化后的最优主体目标，通过测度分析现状离最优目标的远近来计算距离目标的接近程度，以此分析现状的优劣。而本研究使用的熵权 TOPSIS 模型与同传统的 TOPSIS 法相比，借鉴鲁春阳等(2011)的做法，改进了评估对象与最优目标之间的正负理想解的取值公式，使得评估对象与最优目标之间的实际情况更为准确，最终的评估结果更科学。

第一，在分析评估之间要对调研数据进行规范化处理。根据已有指标的特征与表现形式，对各类数据进行极值标准处理，具体处理公式如下：

$$x_{ij}^{*} = \frac{x_{ij} - \min_j}{\max_j - \min_j} \tag{8-1}$$

式中，x_{ij} 是太湖水域河长制政策评估指标 F_i 在第 j 个评估对象处的实际得分值；$\min_j$ 是其最小得分值；$\max_j$ 是其最大得分值；x_{ij}^{*} 是 x_{ij} 的归一化值，其取值范围为 [0, 1]。

第二，设置熵权决策矩阵。按照大部分文献的处理方式(李妍，朱建民，2017)，利用熵权决定指标权重 W，从而设置规范化的决策矩阵 C，其具体公式如下：

$$C = \begin{bmatrix} u_{11} & \cdots & u_{ij} \\ \vdots & & \vdots \\ u_{i1} & \cdots & u_{ij} \end{bmatrix} = X \times W \tag{8-2}$$

式中，u_{ij} 是加权规范化值。

第三，设置理想解与贴近度值。理想解有正负之分，正理想解的具体设置公式如下：

$$C^{+} = \{\max u_{ij} \mid i = 1, \cdots, m\} = \{u_1^{+}, \cdots, u_m^{+}\} \tag{8-3}$$

负理想解的具体设置公式如下：

$$C^{-} = \{\min u_{ij} \mid i = 1, \cdots, m\} = \{u_1^{-}, \cdots, u_m^{-}\} \tag{8-4}$$

式中，m 是评估指标数。而正负理想解距离最优目标值的距离用以下公式表示：

$$L^{+}=\sqrt{\sum_{i=1}^{m}\left(u_{ij}-u_{j}^{+}\right)^{2}} \tag{8-5}$$

$$L^{-}=\sqrt{\sum_{i=1}^{m}\left(u_{ij}-u_{j}^{-}\right)^{2}} \tag{8-6}$$

式中，L^{+} 是向量对正理想解 C^{+} 的距离，L^{-} 是向量对正理想解 C^{-} 的距离。而 L 值越大，说明距离理想值的 C 的距离越远，意味着此现状距离最优目标值越远。那么，各个现状向量与理想值的贴近度的公式可以表述如下：

$$N=\frac{L_{i}^{-}}{L_{i}^{+}+L_{i}^{-}} \tag{8-7}$$

式中，贴近度取值范围是 [0，1]，值越大，表明该地区的河长制政策执行得越好，否则政策执行效果越差。根据现有文献的研究成果，贴近度可以划分为四个等级来反映现状距离最优目标值的程度。贴近度的等级分为较差、一般、良好与优秀，取值范围分别为：[0.00，0.30]，[0.31，0.60]，[0.61，0.80] 与 [0.81，1.00]。

根据实地搜集的调研问卷的数据整理后代入式(8-1)~式(8-4)，可以计算得到太湖水域 7 个地级市(直辖市)河长制政策评估指标得正、负理想解。在 10 个正理想解中，杭州占 3 个，上海占 2 个，常州占 2 个，嘉兴占 1 个，苏州占 1 个，无锡占 1 个。从调研结果可以看出，相对而言，杭州的居民对于河长制政策的总体满意度、河长制的考核方式与政策设计安排满意度都比较高；上海居民对于河长制实施范围及河长制的执行标准的满意度比较高；常州居民对于河长制的政策动态调整过程及河长制执行情况的监督与管理较为满意；嘉兴居民对于河长制人事安排较为满意；苏州居民对于河长制的财政支出项目公开度较为满意；无锡居民对于河长制执行对象较为满意。因此，对于河长制执行过程中较为满意的事项在太湖水域 7 个不同的地级市(直辖市)中均具有借鉴参考价值。相互学习优秀的实施经验，才可以更好地执行河长制政策。本研究利用调研数据代入式(8-5)~

式(8-8)，可以计算得到太湖水域 7 个市河长制政策评估的结果，具体见表 8-3。

表 8-3　　太湖水域河长制政策评估结果

城市	绩效指数	贴近度	绩效等级
无锡	0.32	0.38	一般
嘉兴	0.42	0.45	一般
苏州	0.38	0.27	较差
常州	0.59	0.41	一般
湖州	0.30	0.37	一般
杭州	0.74	0.69	良好
上海	0.62	0.42	良好

从表 8-3 可以看出，太湖水域各市河长制政策实施评估后的绩效等级较高的是杭州与上海，其次是常州、嘉兴、苏州与无锡，较为不好的是湖州。整体而言，太湖流域调研的部分地级市(直辖市)的河长制政策执行效果满意度比较好，但是也有一些地区的河长制执行满意度并不理想。结合现场调研、咨询资料，本研究总结了太湖流域所在城市河长制实施中的问题。

1. 河长制工作安排

江苏省河长制的实施方案中显示，由江苏省水利厅相关部门牵头，各级政府统一领导，形成分级管理与分级负责的工作机制。浙江省的河长制安排是在省生态建设工作领导小组的统一安排下进行的，流经水域的各级领导作为河长的全覆盖工作形式。上海的河长制组织体系是由市水务局与环保局共同负责，市、区街道乡镇主要领导担任河长的分级管理、属地负责的工作形式。以上所有的河长制组织体系均具有政府主导的特性，在权威性上具有显著优势。但是难以摆脱政府官僚体系的不足，河长制依旧是一种自上而下的目标责任制(詹国辉，熊菲，2019)，由上级政府层层管理与分配而来的政治任务，面临下级接受任务的政府是否积极按要求执行的问题。形式上设置了河长，但在具体实施中是否严格按照文件安排执行，工作安排的深度等都不易客观考量。除此之外，上级政府在政治上的集权及下级政府的经济分权使得上下级政府之间存在利益冲突。地方官员的自主权在施政时会考虑自身利益而放松对水环境的管制，河长制的政策落实难以真正持久出成效，这些都使得河长制的执行风险增加。

2. 河长制实施对象范围

河长制课题调研组深入太湖流域所在地级市的现场调研及问卷访谈发现，一些地方政府存在表面整改水污染现象，简单治理水污染，如打捞生活垃圾，清理工业废弃物等固体废物，但是深入解决污水污染中的无色无味有害排放物的措施并没有见效。地方政府河长制执行中的敷衍行为也屡见不鲜。对于太湖流域地级市的现场调研显示，市政污水管网与污水分流改造工程等建设并没有及时跟进。2007 年 8 月已经开始执行河长制的江苏省无锡市，截至 2018 年尚没有完成相关治理污水工程。在太湖流域雨天污水直排现象非常常见，这跟雨污分流改造工程的不完善有很大关系。河长制的执行过程中，地方政府为了地方经济利益，依旧违规给予企业在重要湿地保护区港口经营许可证，或者允许未达标的排污水企业暂时关闭污水排放工作，以应对检查。延迟或者停止水排污企业进行污水排放整改的任务。甚至有些地方政府帮助水污染企业隐瞒污染行为，给予污水整改合格证。有些污水排放企业在河长制的实施过程中，按要求进行污水排放工程改造，有少数企业则通过虚假企业重组，或者更改、重新申请营业执照等方式继续生存。一些大型化工、能源加工企业的搬迁工程事项繁多，涉及很多利益集团，在水污染整改中也是举步维艰，一拖再拖。有些地方政府并未设置合理的水污染治理范围与对象，而且基于诸多原因与利益的牵扯，执行也没有严格实施。

3. 河长制激励与考核

通过对2007—2017年间的政府工作文件整理分析看出，绝大部分城市河长制的问责制度并没有严格执行，或一些问责制度流于形式很难执行。一些地方政府对没有整改的问责只是予以通报批评。问责制度没有触及河长的根本利益，但河长制的实施却会影响当地经济利益，这都导致河长制对于当地水质改善的效果欠佳。

中央环保督察组2018年在江苏的巡查发现了地方政府虚报业绩的情况存在，如江苏省泰州市下辖的靖江市虚报不存在的服务站码头列入水污染专项整治清单。这也就意味着河长制的执行对地方政府的行为有一定的影响，为了完成政绩，达到政治诉求目的，地方政府会采取一些措施实现河长制的硬性目标规定，如让大部分水功能区水质达标而牺牲一些难以改善的水域水质。

4. 监管及公众参与度

通过对太湖流域所在地级市的调研发现，尽管大大小小河流都尽可能设置了河长，并向公众提供了负责人的联系方式，但是存在难以与负责人取得联系的情况，同时，公众通过电话渠道举报污染行为的比例也很低。尽管所有政府河长制组织设置的文件中均提到要社会参与，共同保护当地水环境。但是，在实际河长制执行中，各地污水治理任务并没有有效整合社会公众的力量。公众参与的平台也没有建立完善，参与以及监督氛围并不浓厚，接受全社会监督目的并没有实现。公正及时的水质信息公布平台的完善是当务之急，是公众参与河长制有效治理水污染的必要前提。

8.2.2 障碍因素分析模型及结果

除了进行河长制政策效果评估外，本研究还对影响政策执行的障碍因素进行分析。这有助于识别影响河长制政策效果的关键因素，对于进一步的政策执行有重要的指导意义，为政策的实施过程中的问题调整提供了实证依据。具体模型的建立需要设置因子贡献度 Q（单一因素对太湖水域河长制总目标的权重大小）、指标偏度 D（各个指标的实际得分值与最优目标值之间的距离）与障碍度 Z（各个单一指标对太湖水域河长制总目标的影响程度）。模型设置如下：

$$Z = \frac{D_i W_i}{\sum_{i=1}^{m} D_i W_i} \tag{8-8}$$

式中，$D_i = 1 - x_{ij}^*$，为各个指标的标准化极值。

本研究通过分析各个指标对于太湖水域各个市河长制工作的影响大小，对不利于河长制政策执行的障碍因素进行了识别与分析，进而对下一步的政策建议提供证据。借鉴已有文献(柳建平，刘卫兵，2017)，本研究识别出比较重要的排列前五位的障碍因素及其障碍度，见表 8-4。

表 8-4　**太湖水域河长制政策评估指标主要障碍因素及障碍度**

县市	指标及障碍度				
	1	2	3	4	5
无锡	F_5 0.32	F_8 0.31	F_9 0.25	F_7 0.23	F_1 0.20
嘉兴	F_9 0.39	F_5 0.34	F_8 0.31	F_{10} 0.23	F_4 0.19
苏州	F_5 0.33	F_9 0.31	F_4 0.29	F_2 0.24	F_7 0.16
常州	F_8 0.37	F_5 0.34	F_{10} 0.29	F_4 0.22	F_2 0.18
湖州	F_5 0.34	F_8 0.33	F_{10} 0.29	F_7 0.23	F_1 0.20
杭州	F_5 0.38	F_9 0.36	F_8 0.29	F_7 0.22	F_4 0.20
上海	F_8 0.33	F_{10} 0.30	F_7 0.25	F_9 0.21	F_2 0.18

从表8-4可知，无锡的调研分析显示，河长制执行标准是影响太湖水域河长制政策绩效障碍度最大的因素，其次是对河长制财政支出项目公开的满意度、对河长制执行情况的监督与管理满意度、对河长制政策动态调整过程满意度，以及对河长制政策总体的满意度。无锡居民对以上政策执行中的事项的不满意也表明了政策执行的改进方向。无锡是最早实施河长制的城市，其改革的进程对于其余城市具有借鉴意义。但从调研问卷及实地访谈中发现，无锡的河长制执行还有一些需要改进的地方。对于常州的分析显示，当地居民对河长制财政支出项目公开、河长制执行标准、河长制考核方式、河长制实施范围与河长制政策设计安排并不满意，这些是影响整体绩效的主要障碍因素。

对河长制执行标准的满意度是影响苏州、湖州与杭州政策执行最大的障碍因素。河长制执行情况的监督与管理不到位，导致苏州居民对于河长制政策的执行效果产生了极大的不满，这是影响政策绩效的主要障碍因素。除此之外，影响苏州河长制政策绩效的障碍因素还有对河长制实施范围、对河长制政策设计安排及对河长制政策动态调整过程。苏州是长三角重要的中心城市之一，其经济地位不言而喻。在平衡经济发展与水环境保护中，地方政府的作用尤为重要，苏州市人民政府网站的政府文件显示，2017年10月，苏州已经进入了河长制改革的全面治河阶段。但是，项目组的实地调研及访谈显示，河长制全面治理的进程相对较慢。

在杭州的相关调查分析显示，当地居民对河长制执行情况的监督与管理并不满意，除此之外，对河长制财政支出项目公开、对河长制政策动态调整过程及对河长制实施范围的不满意是影响整体绩效的主要障碍因素。同为浙江省城市的湖州的调研显示，对河长制财政支出项目公开、对河长制考核方式、对河长制政策动态调整过程及对河长制政策总体的不满意是影响整体绩效的主要障碍因素。嘉兴的调研显示，对河长制执行情况的监督与管理、对河长制执行标准、对河长制财政支出项目公开、对河长制考核方式、对河长制实施范围的不满意是影响整体绩效的主要障碍因素。在上海调研样本中的数据显示，当地居民对河长制财政支出项目公开、对河长制考核方式、对河长制政策设计安排、对河长制执行情况的监督与管理及对河长制执行标准并不满意，这些是影响整体绩效的主要障碍因素。

8.3 研究结论

本研究利用熵权 TOPSIS 模型，以太湖流域的无锡、嘉兴、苏州、常州、湖州、杭州与上海为调研的样本地区，对太湖水域河长制政策执行绩效进行了评估，并识别出影响政策执行效果的障碍因素，主要结论有以下：第一，杭州的居民对于河长制政策的总体满意度、河长制的考核方式与政策设计安排满意度都比较高；上海居民对于河长制实施范围及河长制的执行标准的满意度比较高；常州居民对于河长制的政策动态调整过程及河长制执行情况的监督与管理较为满意；嘉兴居民对于河长制人事安排较为满意；苏州居民对于河长制的财政支出项目公开度较为满意；无锡居民对于河长制执行对象较为满意。第二，太湖水域各市河长制政策实施评估后的绩效等级较高的是杭州与上海，其次是常州、嘉兴、苏州与无锡，较为不好的是湖州。第三，障碍因素分析发现，对河长制执行标准的满意度，是影响无锡、苏州、湖州与杭州政策执行最大的障碍因素；嘉兴的调研显示，对河长制执行情况的监督与管理是影响整体绩效的主要障碍因素；常州与上海居民对河长制的财政支出项目公开并不满意，是影响整体绩效的主要障碍因素。

第9章　主要研究结论与研究展望

9.1　主要研究结论

本研究在探索和谐发展的大背景下，从地域-流域的视角评估了河长制的污水治理效果，以期寻找更有效的河长制治理改善之路。研究从分析地方政府之间、地方政府与污水排放企业之间的演化博弈入手，了解地方政府河长制执行的行为策略。接着，在理论模型分析的基础上，评估重点城市水质、长江省界水质与湖泊水质的河长制治理效果。然后，对河长制执行的异质性进行了细致分析。最后，对太湖流域部分地级市(直辖市)的河长制政策绩效及障碍因素进行了调研分析。

本研究的主要结论如下：

(1)演化博弈分析发现，影响企业排放污水与地方政府河长制执行博弈行为的因素有企业完全治污水的成本、地方政府执行河长制的成本等，但地方政府河长制工作执行的力度、地方政府政绩考核中水质环境指标比重并没有影响双方博弈策略的选择。降低企业完全治理污水的成本、地方政府执行河长制的成本、企业完全治污后排放的污水量，提高企业自身治理污水的力度、企业污水排放收费费率、企业选择不完全治污排放的污水量，均会促使企业治理污水与地方政府河长制执行的策略集向{完全治污，完全执行河长制}方向演进。污水外部效应不会对地方政府之间的博弈系统的演化产生影响。但降低地方政府河长制执行成本、污水排放收费率、经济指标考核比重；提高河长制工作的执行力度、政绩考核中水质环境指标比重、执行河长制的物质与精神奖励、不完全执行河长制的惩罚，均会促使地方政府之间河长制执行的演化博弈结果向{完全执行河长制，完全执行河长制}方向演进。

(2)重点城市河长制治理效果评估发现，河长制的实施有效地抑制了地区单位GDP的污水排放量，有利于水环境的改善。从河长制影响水污染治理的作用机制来看，在自上而下的压力型体制下，地方政府治水投入的增加和环境规制的严格执行都发挥了重要作用。同时，本研究进一步探讨了河长制实施过程中可能面临的挑战，一是与保增长压力间的矛盾，二是跨地区间政策协调的问题。在保增长压力较大的地区，河长制的实施效果更差，说明经济增长与环境保护之间的矛盾在发展不平衡、不充分的中国依然比较突出。同样的，在缺乏跨地区间政策协调、单独实施河长制的地区，政策的效果并不显著。这表明，在河长制全面推行的过程中，必须高度重视跨地区间的政策协调与配合。本研究分析了河长制政策的经济效应，发现这一政策的实施有力地推动了企业的转型发展和地区产业升级，有利于实现河长治。

(3)长江流域省界河长制跨流域污水治理效果评估结果发现，相对于其他省界水域，上游省市实施河长制改革及处于左右省界位置的省市同时改革，会显著提高交界流域水体水质。河长制政策的实施减少了污染行为的发生，同时通过污水治理改善了省界流域水质。这意味着河长制的实施对于改善省界水质有一定的作用，但是这种有益影响的前提是地区有效执行河长制政策。本研究进一步利用长江流域监测断面的水质数据分析河长制治理的异质性，结果发现，相对于省控点的水域，国控点水域在河长制实施后其水质显著提高，这说明河长制改革在地方执行时具有差异性。

(4)太湖流域河长制污水治理效果评估发现，河长在选择治水目标时，会优先选择较为容易完成的考核目标——水质年达标率，辖区内水质整体改善效果欠佳。部分水功能区水质类别趋同于地方政府设立的水质目标(Ⅲ级)。进一步从太湖流域各水功能区水质发展的平衡性角度分析发现，相对容易治理污染的水功能区水质逐步达标；但难以治理的水域水质愈加恶化；初期水质很好的水域容易被忽略，其水质会有所下降。对于湖泊水域河长制执行异质性的分析发现，相对于省控监测点，国控点水域在河长制实施后其水质类别及年达标率均显著提高。因此，处于省界内的湖泊水域范围，河长在治理目标及水域的选择上均有差异性，河长制的治理效果也因为河长的选择性治理策略而暂时没有达到提高整个湖泊水域水质类别的目的。

(5)河长制政策绩效评估与障碍因素分析发现，杭州市的居民对于河长制政策的总体满意度、河长制的考核方式与政策设计安排满意度都比较高；上海市居民对于河长制实施范围及河长制的执行标准满意度比较高；常州市居民对于河长制的政策动态调整过程及河长制执行情况的监督与管理较为满意；嘉兴市居民对于河长制人事安排较为满意；苏州市居民对于河长制的财政支出项目公开度较为满意；无锡市居民对于河长制的执行对象较为满意。接着，研究进一步发现，太湖水域各城市河长制政策实施评估后的绩效等级较高的是杭州市与上海市，其次是常州市、嘉兴市、苏州市与无锡市，较为不好的是湖州市。对于障碍因素的实证分析发现，对河长制执行标准的满意度是影响无锡市、苏州市、湖州市与杭州市政策执行最大的障碍因素；嘉兴市的调研分析显示，对河长制执行情况的监督与管理是影响整体绩效的主要障碍因素；常州市与上海市居民对河长制的财政支出项目公开度是影响整体绩效的主要障碍因素。

9.2　政策建议

在建设美丽中国的攻坚战与持久战中，流域水污染的治理是必要及重要的组成部分。河长制是未来中国流域水环境管制与保护的重要政策，如何构建激励相容的激励机制、合理调整制度安排、设计并严格遵从考核体系等内容，是河长制改革过程中必须要解决的问题。需要从制度根源解决治理低效问题，加强地方政府对中央政府水环境保护政策的贯彻落实，提高全社会的水环境保护意识，实现中国经济可持续、高质量的和谐发展。

(1)设置针对性的污水治理及考核目标，差别考核地区河长制治水效果。政策执行初期，地方河长制文件大部分考核目标是打捞悬浮物、固体垃圾等表面性指标，这些指标在政策执行初期可行，但随着改革的发展，河长制的考核目标必须因时因地递进式提高。现阶段，河长在选择辖区治水策略时，倾向于完成相对容易达成的指标及水域，而忽略较难实现的水域治理。因此，河长制在地方执行时缺乏针对性的治水指标，容易造成河长制政策执行的扭曲。为了尽可能避免河长治理污水时的策略选择，有必要根据不同污染情况、不同经济发展程度、不同流域自然条件等初始情况进行细致的调研分析，制定针对性的治污目标，采用精耕细作的方式切实治理辖区水污染问题。真正做到一湖一策、一河一策、一域一策，有差别、有针对性、有保障地完成辖区内的流域污水治理工作，逐步提高辖区内整体水质状况。同时，要安排配套工程的有序开展。污水治理后的水质恶化反弹现象源于诸多治水措施的短期性，治理没有治本。系统化的城市污水治理措施，综合性的截污清淤等组合工程需全面展开。市政污水管网改造、雨水污水分流改造等有利于水质改善的工程必须按时有序进行，这是河长制有效实施的重要保障。

(2)落实河长制考核体系，加强省域内水质的考核。省界监测点附近水域，由于有中央政府的严格监管，拥有相对较好的水质，但省域内湖泊水质改善则相对较差。现有考核体系除了目标有待改进外，针对水环境治理及保护的考核体系必须切实执行，做到赏罚分明，才能保障治水政策的有效落实。地方经济发展是立根之本，更是水环境保护的重要物质基础，一方面，忽视水环境的污染型经济增长必须受到严厉惩罚；另一方面，有效治理水污染、落实河长制政策等行为要受到不同形式的奖励，成为官员晋升的重要指标。双管齐下，才能激发有效的激励机制，促使地方官员自发、合理地协调经济发展与水环境保护任务，进而实现水环境保护、经济发展两个目标共同进步。

(3)提高公众水环境保护意识，引入第三方监督机构。污水的来源不仅是工业、农业，生活中都会产生大量污水。通过大众媒体、讲座、义务教育等渠道宣传水污染危害，呼吁大众的水环境保护意识，引导公众的良好用水习惯，减少个人行为带来的污水排放。同时，发挥体制外的力量，共同参与水环境监管，借助相关技术手段打造实时监控平台，落实对河长制政策执行及企业排污行为的监督。从专业角度讲，只有专业水质检测才能更准确地评估流域水质优劣，因此，第三方专业水质检测机构的介入，有助于健全河长制政策评估、监督体系。一方面，弥补了现有政府自身监督不足、水质数据造假、公众监督无力等问题；另一方面，为没有监测点的河流、湖泊等小微水体提供了检测数据，打破了无监测点水域的治理与评估管理瓶颈。

(4)多渠道增加河长制治理资金，提高治理水域工作任务、财政支出及治理完成情况透明度。河长制的治理效果除了受地方官员基于自身利益的行为策略影响外，流域污水治理资金的数量也是至关重要的因素。除了增强财政支出中专项转移支付的资助力度外，还应开拓多种途径增加河长制治理所需资金的数量，如发行政府债券，金融机构融资，加强排放污水企业的监管力度并增加罚款资金量，接受企业捐赠等。除此之外，公开河长制治理中的各项财政支出、治理水域范围、工作任务安排及治理结果评估等内容，除了可以更好地接受社会监督，还可以有效地激励河长按照任务安排，积极实施水环境监管、治理工作，进而保障区域发展与水环境保护多任务的平衡与和谐共进。

综上所述，随着水污染逐渐影响社会可持续发展、人们美好生活，为了保障经济增长的可持续性，应对低效的水环境管制策略，评估并分析河长制污水治理效果是改善水环境政策的重要突破口之一。本研究从分析河长制执行中各利益相关体的博弈行为出发，从地域-流域的视角评估了河长制水污染治理效果，提出了相应的政策建议，为改善现有河长制提供了具有现实操作意义的智力支持。

9.3 研究展望

随着经济增长速度的加快，各种环境问题层出不穷，但生态环境的改善与保护离不开经济发展的支持，流域水污染问题亦是如此。忽略水环境的经济增长、低效的水环境管制政策、水环境保护意识不强等种种原因造成了现今水污染的现状。地方河长制改革的试点开启了各级政府水环境保护的新篇章。研究者也就河长制的制度安排、政策效果、运行机制等问题进行了大量的分析，尤其是利用现实的水质数据验证河长制在各个地区、流域的治理效果，更是可以评估论证政策本身的治理成效，从而依据现实结果对现有的河长制制度安排、运行架构、绩效考核等问题进行改善，这是改革发展中必须要解决的重大问题，也是未来河长制有效运行、流域水环境改善的重要保障。基于以上分析，本研究将来会在以下方面进行深入探讨：

(1)地方官员在河长制执行中的影响度分析。尽管中央政府对河长制的制度安排进行了具体的规定，但是关键需要地方政府的实际执行。对河长制政策的评估只是对水污染治理的结果进行了评价，中间实际操作过程中的影响因素、异质性策略执行的逻辑、地方官员特质对河长制执行策略选择的影响等，都直接与治污结果息息相关。因此，分析地方官员河长制执行时各种策略的选择，探讨地方官员特质，如年龄、职位、社会网络、政治影响力对河长制实施效果的影响，解读地方官员在治污指标上的异质性选择等问题，有利于更有效、全面地研究河长制，为河长制政策改进提供更多的途径。

(2)河长制在不同行业中的治理效果分析。现有研究只是从整个水质的角度分析河长制治理效果。水污染主要有经济发展中的工业污染、人们生活中的污染及农业发展中的面源污染，针对不同的水污染，采取的治理策略差异很大，那么，不同污染源的水污染治理中的经济成本、社会效益也大不相同，对整个水系环境的改善也可能有较大差别。对以上问题进行深入探讨，可以更直观地看到污水治理成本-收益结果，以及各个行业对流域水质改善的作用。针对地方发展的具体情况，河长可以有侧重地实施污水治理，以期在有效的河长制治水经费下保障水环境改善。

(3)区域水质监测多样性，兼具流行病学指标。尽管新冠肺炎疫情在中国已得到有效控制，但持续不断的国外输入病例、附着病毒的国际贸易物品时刻威胁着中国来之不易的抗疫成果。较长的潜伏期等特点使得病毒在人类大范围活动的作用中得以蔓延。抗疫防控工作一刻都不能松懈，但是，选择恰当且有效的监测、防控方式更为重要。例如，利用废水样品中新冠病毒的监测数据，科学分析病毒在人群中的感染数量及分布区域等信息，有助于地方政府防控预警与决策，快速锁定无症状感染人群所在区域及时实施政策响应。

中国废水流行病学监测已主要用于诸如病毒、耐抗生素细菌、脊髓灰质炎病毒和麻疹等传染病，这为监测新冠病毒积累了必要的研究基础。感染人群代谢物(粪便与尿液等)普遍存在新冠病毒，包括无症状患者。新冠病毒不易溶解于水，且在水环境中存活时间因水温等有差异，4℃水中存活最长14天，20℃水中存活2天。英国水循环研究所正进行废水分析监测新冠病毒。早在爆发社区感染之前，荷兰水循环研究所就在社区废水中监测到新冠病毒，因此，具备样品采集的现实可行条件。中国很多地级市都有具备先进分析仪器的研究中心与实验室，甚至是病毒实验室，可以有效监测新冠病毒在各个地区的存量和演变情况，这为实现废水流行病研究提供了技术保障。

现阶段，污水监测指标没有涉及大流行病范畴。随着生态环境的变化，人类生存环境不断面临新的传染疾病的挑战。公共安全应急系统的基础就是全面监测，扩展更多污水监测指标，可在一定程度上较好地应对未来大流行病的威胁。因此，建立监测联动系统，组建交叉研究团队，建立以各级疾病预防控制中心为核心，城市病毒研究中心或实验室参与，污水处理厂配合的联动系统，有助于更好地实施废水流行病监测、分析工作。同时，还可组建环境工程、病毒学、传染病学专家团队进行交叉研究。

参 考 文 献

[1]包群，邵敏，杨大利. 环境规制抑制了污染排放吗？[J]. 经济研究，2013，48(12)：42-54.

[2]曹新富，周建国. 河长制促进流域良治：何以可能与何以可为[J]. 江海学刊，2019(6)：139-148.

[3]陈刚. 法官异地交流与司法效率——来自高院院长的经验证据[J]. 经济学，2012，11(4)：1171-1192.

[4]陈涛. 治理机制泛化——河长制制度再生产的一个分析维度[J]. 河海大学学报(哲学社会科学版)，2019，21(1)：97-103.

[5]陈真玲，王文举. 环境税制下政府与污染企业演化博弈分析[J]. 管理评论，2017，29(5)：226-236.

[6]程诚，杨立华，黄河. 通过协同治理实现绿色发展——第二届环境治理与可持续发展国际研讨会综述[J]. 中国行政管理，2015(3)：157-159.

[7]代丹，李小菠，胡小贞. 白马湖水污染特征及其成因分析[J]. 长江流域资源与环境，2018，27(6)：1287-1297.

[8]邓光耀. 中国多区域水资源 CGE 模型的构建及其应用[J]. 统计与决策，2020，36(14)：157-161.

[9]窦豆，霍名赫，闫章才. 我国学者对中国血流感染致病细菌携带耐多黏菌素基因 mcr-1 分子流行病学研究取得重要成果[J]. 中国科学基金，2017(2)：127-127.

[10]范子英，田彬彬. 税收竞争、税收执法与企业避税[J]. 经济研究，2013，48(9)：99-111.

[11]高洁芝，郑华伟，刘友兆. 基于熵权 TOPSIS 模型的土地利用多功能性诊断[J]. 长江流域资源与环境，2018，27(11)：104-112.

[12]高明，郭施宏，夏玲玲. 大气污染府际间合作治理联盟的达成与稳定——基于演化博弈分析[J]. 中国管理科学，2016(8)：62-70.

[13]龚强，雷丽衡，袁燕. 政策性负担、规制俘获与食品安全[J]. 经济研究，2015(8)：4-15.

[14]谷树忠. 污染防治协同态势与取向观察[J]. 改革，2017(8)：70-72.

[15]郭峰，石庆玲. 官员更替、合谋震慑与空气质量的临时性改善[J]. 经济研究，2017(7)：155-168.

[16]韩超，刘鑫颖，王海. 规制官员激励与行为偏好——独立性缺失下环境规制失效新解[J]. 管理世界，2016，269(2)：82-94.

[17]行伟波，田坤. 流行病的经济影响和干预政策研究进展[J]. 经济学动态，2020(7)：113-128.

[18]郝亚光. 公共性建构视角下"民间河长制"生成的历史逻辑——基于"深度中国调查"的事实分析[J]. 河南大学学报(社会科学版)，2020，60(2)：15-21.

[19]黄亮雄，王贤彬，刘淑琳. 中国产业结构调整的区域互动——横向省际竞争和纵向地方跟进[J]. 中国工业经济，2015(8)：82-97.

[20]姜博，童心田，郭家秀. 我国环境污染中政府、企业与公众的博弈分析[J]. 统计与决策，2013(12)：71-74.

[21]金刚，沈坤荣. 地方官员晋升激励与河长制演进：基于官员年龄的视角[J]. 财贸经济，2019，20(4)：20-34.

[22]黎元生，胡熠. 流域生态环境整体性治理的路径探析——基于河长制改革的视角[J]. 中国特色社会主义研究，2017(4)：75-79.

[23]李冰强. 流域生态修复与保护立法：现实困境与对策选择[J]. 中州学刊，2020(5)：61-65.

[24]李国年. 政府支出与碳排放关系研究——基于中国 1980—2011 年数据[J]. 经济问题，2014(3)：69-72.

[25]李汉卿. 行政发包制下河长制的解构及组织困境:以上海市为例[J]. 中国行政管理, 2018(11): 114-120.
[26]李佳雪, 张国兴, 胡毅,等. 节能减排政策制定部门的协同有效性——基于1195条节能减排政策的研究[J]. 系统工程理论与实践, 2017, 37(6): 1499-1511.
[27]李利文. 模糊性公共行政责任的清晰化运作——基于河长制、湖长制、街长制和院长制的分析[J]. 华中科技大学学报(社会科学版), 2019, 33(1): 127-136.
[28]李强. 河长制视域下环境分权的减排效应研究[J]. 产业经济研究, 2018, 94(3): 57-67.
[29]李强. 河长制视域下环境规制的产业升级效应研究——来自长江经济带的例证[J]. 财政研究, 2018(10): 79-91.
[30]李韶星. 废水之治——20世纪70年代初美国联邦政府治理工业废水污染的努力[J]. 学术研究, 2019(2): 131-139.
[31]李书娟, 徐现祥. 身份认同与经济增长[J]. 经济学(季刊), 2016, 15(3): 941-962.
[32]李涛, 石磊, 马中. 中国点源水污染物排放控制政策初步评估研究[J]. 干旱区资源与环境, 2020(5): 1-8.
[33]李妍, 朱建民. 生态城市规划下绿色发展竞争力评价指标体系构建与实证研究[J]. 中央财经大学学报, 2017(12): 130-138.
[34]李永友, 沈坤荣. 我国污染控制政策的减排效果——基于省际工业污染数据的实证分析[J]. 管理世界, 2008(7): 7-17.
[35]梁平汉, 高楠. 人事变更、法制环境和地方环境污染[J]. 管理世界, 2014, 249(6): 65-78.
[36]林黎, 李敬. 长江经济带环境污染空间关联的网络分析——基于水污染和大气污染综合指标[J]. 经济问题, 2019(9): 86-92.
[37]刘瑞明, 赵仁杰. 国家高新区推动了地区经济发展吗?——基于双重差分方法的验证[J]. 管理世界, 2015, 263(8): 38-46.

[38]刘奕. 以大数据筑牢公共卫生安全网:应用前景及政策建议[J]. 改革, 2020(4): 5-16.

[39]鲁春阳, 文枫, 杨庆媛. 基于改进 TOPSIS 法的城市土地利用绩效评价及障碍因子诊断——以重庆市为例[J]. 资源科学, 2011, 33(3): 535-541.

[40]罗冬林, 廖晓明. 合作与博弈:区域大气污染治理的地方政府联盟——以南昌、九江与宜春 SO_2 治理为例[J]. 江西社会科学, 2015, 35(4): 79-83.

[41]吕志奎, 蒋洋, 石术. 制度激励与积极性治理体制建构——以河长制为例[J]. 上海行政学院学报, 2020, 21(2): 46-54.

[42]马骏, 李亚芳. 基于环境 CGE 模型的江苏省水污染治理政策的影响研究[J]. 统计与决策, 2019, 35(6): 62-65.

[43]潘峰, 西宝, 王琳. 地方政府间环境规制策略的演化博弈分析[J]. 中国人口·资源与环境, 2014, 24(6): 97-102.

[44]彭飞, 范子英. 税收优惠、捐赠成本与企业捐赠[J]. 世界经济, 2016, 39(7): 144-167.

[45]祁毓, 卢洪友, 徐彦坤. 中国环境分权体制改革研究:制度变迁、数量测算与效应评估[J]. 中国工业经济, 2014(1): 31-43.

[46]祁毓, 卢洪友, 张宁川. 环境规制能实现"降污"和"增效"双赢吗?——来自环保重点城市"达标"与"非达标"准实验的证据[J]. 财贸经济, 2016, 37(9): 126-143.

[47]冉冉. 压力型体制下的政治激励与地方环境治理[J]. 经济社会体制比较, 2013(3): 111-118.

[48]沈坤荣, 金刚. 中国地方政府环境治理的政策效应——基于河长制演进的研究[J]. 中国社会科学, 2018(5): 92-115,206.

[49]沈坤荣, 周力. 地方政府竞争,垂直型环境规制与污染回流效应[J]. 经济研究, 2020, 55(3): 35-49.

[50]史丹, 陈素梅. 公众关注度与政府治理污染投入:基于大数据的分析方

法[J]. 当代财经, 2019(3): 3-13.

[51]孙伟增, 罗党论, 郑思齐. 环保考核、地方官员晋升与环境治理——基于2004—2009年中国86个重点城市的经验证据[J]. 清华大学学报(哲学社会科学版), 2014, 29(4): 49-62.

[52]唐娟, 郭少青. 英国城市水务立法百年历程及经验发现[J]. 深圳大学学报(人文社会科学版), 2019, 36(6): 134-144.

[53]田家华, 吴铱达, 曾伟. 河流环境治理中地方政府与社会组织合作模式探析[J]. 中国行政管理, 2018(11): 62-67.

[54]涂正革, 谌仁俊. 排污权交易机制在中国能否实现波特效应? [J]. 经济研究, 2015, 50(7): 160-173.

[55]王班班, 莫琼辉, 钱浩祺. 地方环境政策创新的扩散模式与实施效果——基于河长制政策扩散的微观实证[J]. 中国工业经济, 2020(8): 99-117.

[56]王兵, 聂欣. 产业集聚与环境治理:助力还是阻力? ——来自开发区设立准自然实验的证据[J]. 中国工业经济, 2016(12): 75-89.

[57]王娟, 王伟域, 宋怡霏. 地方财政体制改革下的碳减排该何去何从? [J]. 现代财经(天津财经大学学报), 2019, 39(8): 71-86.

[58]王娟, 王伟域. 税收与环境污染问题实证研究[J]. 税务研究, 2016(4): 50-54.

[59]王洛忠, 庞锐. 中国公共政策时空演进机理及扩散路径:以河长制的落地与变迁为例[J]. 中国行政管理, 2018(5): 63-69.

[60]王书明, 蔡萌萌. 基于新制度经济学视角的河长制评析[J]. 中国人口·资源与环境, 2011, 21(9): 8-13.

[61]王贤彬, 徐现祥, 周靖祥. 晋升激励与投资周期——来自中国省级官员的证据[J]. 中国工业经济, 2010(12): 16-26.

[62]王贤彬, 徐现祥. 地方官员来源、去向、任期与经济增长——来自中国省长省委书记的证据[J]. 管理世界, 2008, 174(3): 16-26.

[63]王孝松, 翟光宇, 林发勤. 反倾销对中国出口的抑制效应探究[J]. 世

界经济，2015，38(5)：36-58.

[64]王园妮，曹海林.“河长制”推行中的公众参与：何以可能与何以可为——以湘潭市“河长助手”为例[J]. 社会科学研究，2019(5)：129-136.

[65]魏下海，董志强，黄玖立. 工会是否改善劳动收入份额？——理论分析与来自中国民营企业的经验证据[J]. 经济研究，2013，48(8)：16-28.

[66]肖加元，刘潘. 财政支出对环境治理的门槛效应及检验——基于2003—2013年省际水环境治理面板数据[J]. 财贸研究，2018，29(4)：68-79.

[67]肖兴志，李少林. 环境规制对产业升级路径的动态影响研究[J]. 经济理论与经济管理，2013(6)：102-112.

[68]熊烨. 跨域环境治理：一个“纵向-横向”机制的分析框架——以河长制为分析样本[J]. 北京社会科学，2017(5)：108-116.

[69]熊烨. 我国地方政策转移中的政策“再建构”研究——基于江苏省一个地级市河长制转移的扎根理论分析[J]. 公共管理学报，2019，16(3)：131-144.

[70]许光清，董小琦. 基于合作博弈模型的京津冀散煤治理研究[J]. 经济问题，2017(2)：46-50.

[71]颜海娜，曾栋. 河长制水环境治理创新的困境与反思——基于协同治理的视角[J]. 北京行政学院学报，2019(2)：7-17.

[72]杨继生，徐娟，吴相俊. 经济增长与环境和社会健康成本[J]. 经济研究，2013，48(12)：17-29.

[73]杨继生，徐娟. 环境收益分配的不公平性及其转移机制[J]. 经济研究，2016，51(1)：155-167.

[74]杨林，高宏霞. 基于经济视角下环境监管部门和厂商之间的博弈研究[J]. 统计与决策，2012(21)：51-55.

[75]叶子涵，朱志平. 农村水环境污染及其治理：“单赢”之困与“共赢”之法[J]. 农村经济，2019(8)：96-102.

[76]尹静，王春超. 流行病经济学的理论与实证研究进展[J]. 经济学动态，2020(7)：99-112.

[77]尹振东. 垂直管理与属地管理:行政管理体制的选择[J]. 经济研究，2011，46(4)：41-54.

[78]袁凯华，李后建. 政企合谋下的策略减排困境——来自工业废气层面的度量考察[J]. 中国人口·资源与环境，2015，25(1)：134-141.

[79]詹国辉，熊菲. 河长制实践的治理困境与路径选择[J]. 经济体制改革，2019(1)：188-194.

[80]詹国辉. 跨域水环境、河长制与整体性治理[J]. 学习与实践，2018(3)：66-74.

[81]张国兴，高秀林，汪应洛，等. 政策协同:节能减排政策研究的新视角[J]. 系统工程理论与实践，2014，34(3)：545-559.

[82]张宏翔，张宁川，匡素帛. 政府竞争与分权通道的交互作用对环境质量的影响研究[J]. 统计研究，2015，32(6)：74-80.

[83]张华. 地区间环境规制的策略互动研究——对环境规制非完全执行普遍性的解释[J]. 中国工业经济，2016(7)：74-90.

[84]张军，高远，傅勇，等. 中国为什么拥有了良好的基础设施？[J]. 经济研究，2007(3)：4-19.

[85]张军，周黎安. 为增长而竞争:中国增长的政治经济学[M]. 上海:上海人民出版社，2008(12)：15-18.

[86]张克中，王娟，崔小勇. 财政分权与环境污染:碳排放的视角[J]. 中国工业经济，2011(10)：65-75.

[87]张文彬，张理芃，张可云. 中国环境规制强度省际竞争形态及其演变——基于两区制空间 Durbin 固定效应模型的分析[J]. 管理世界，2010(12)：34-44.

[88]张晓. 中国水污染趋势与制度治理[J]. 中国软科学，2014(10)：11-24.

[89]张怡梦，尚虎平. 中国西部生态脆弱性与政府绩效协同评估——面向西部 45 个城市的实证研究[J]. 中国软科学，2018，333(9)：96-108.

[90]张征宇，朱平芳. 地方环境支出的实证研究[J]. 经济研究，2010，45(5)：82-94.

[91]郑思齐，万广华，孙伟增等. 公众诉求与城市环境治理[J]. 管理世界，2013(6)：72-84.

[92]仲佳，于慧，刘邵权. 张家口市排污工业点源空间分布格局[J]. 自然资源学报，2020，35(6)：144-157.

[93]周建国，曹新富. 基于治理整合和制度嵌入的河长制研究[J]. 江苏行政学院学报，2020，111(3)：114-121.

[94]周建国，熊烨. 河长制：持续创新何以可能[J]. 江苏社会科学，2017(4)：38-47.

[95]周黎安. 中国地方官员的晋升竞标赛模式研究[J]. 经济研究，2007(15)：12-17.

[96]周雪光，练宏. 政府内部上下级部门间谈判的一个分析模型——以环境政策实施为例[J]. 中国社会科学，2011(5)：80-96,221.

[97]朱平芳，张征宇，姜国麟. FDI与环境规制：基于地方分权视角的实证研究[J]. 经济研究，2011，46(6)：133-145.

[98]Abaiie, A. and Gardeazabal, J. The economic costs of conflict: A case study of the basque country[J]. American Economic Review, 2003, 93(1): 112-132.

[99]Abaiie, A., Diamond, A., Hainmueller, J., et al. Synthetic control methods for comparative case studies: Estimating the effect of California's tobacco control program[J]. Journal of American Statistical Association, 2010, 105(490): 493-505.

[100]Adelman, D.E. Environmental federalism when numbers matter more than size[J]. Journal of Environmental Law and Policy, 2014, 32(2): 238-281.

[101]Alistair, U. Harmonization and optimal environmental policy in a federal system with asymmetric information[J]. Journal of Environmental

Economics and Management. 2000, 39(2): 224-241.

[102] Assetto, V. J., Hajba, E., Mumme, S. P., et al. Democratization, decentralization and local environmental policy capacity: Hungary and Mexico[J]. Social Science Journal, 2003, 40(2): 249-268.

[103] Banzhaf, H.S. and Chupp, B.A. Fiscal federalism and interjurisdictional externalities: New results and an application to US air pollution [J]. Journal of Public Economics, 2012, 96(5-6): 449-464.

[104] Bardhan, P. and Mookerjee, D. Capture and governance at local and national levels[J]. American Economic Review, 2000, 90(2): 135-139.

[105] Besley, T. and Coate, S. Elected versus appointed regulators: Theory and evidence[J]. Journal of the European Economic Association, 2003, 1 (5): 1176-1206.

[106] Blanchard, O. and Shleifer, A. Federalism with and without political centralization: China versus Russia[J]. IMF Staff Papers, 2001, 48(4): 171-179.

[107] Bordignon, M., Cerniglia, F. and Revelli, R. Yardstick competition in intergovernmental relationships: Theory and empirical predictions [J]. Economics Letters, 2004, 83: 325-333.

[108] Brollo, A. and Troiano, U. Centre for competitive advantage in the global economy department of economics: What happens when a woman wins an election? Evidence from close races in Brazil[D]. Working Paper, 2013.

[109] Brollo, F., Nannicini, T., Perotti R., et al. The political resource curse [J]. American Economic Review, 2013, 103(5): 1759-1796.

[110] Brueckner, J. K. Strategic interaction among local governments: An overview of empirical studies[J]. International Regional Science Review, 2003, 26(2): 175-188.

[111] Cai, H., Chen, Y. and Gong, Q. Polluting thy neighbor: Unintended consequences of China's pollution reduction mandates [J]. Journal of

Environmental Economics and Management, 2016, 76: 86-104.

[112]Cao, G., Yang, L., Liu, L., et al. Environmental incidents in China: Lessons from 2006 to 2015[J]. Science of the Total Environment, 2018, 633(8): 1165-1172.

[113]Carley, S. Decarbonization of the U.S. electricity sector: Are state energy policy portfolios the solution? [J]. Energy Economics, 2011, 33(5): 1004-1023.

[114]Chen, T. and Kung, K.S. Do land revenue windfalls create a political resource curse? Evidence from China [J]. Journal of Development Economics, 2016, 123(8): 86-126.

[115]Chen, Y., Jin, G.Z., Kumar, N., et al. Gaming in air pollution data? Lessons from China[J]. Journal of Economic Analysis and Policy, 2012, 12(3): 1-43.

[116]Chen, Z., Kahn, M.E., Liu, Y., et al. The consequences of spatially differentiated water pollution regulation in China [J]. Journal of Environmental Economics and Management, 2018, 88(3): 468-485.

[117]Chirinko, R.S. and Wilson, D.J. Tax competition among U.S. States: Racing to the bottom or riding on a seesaw? [D]. Working Paper, 2017.

[118]Chung, S.H. Environmental regulation and foreign direct investment: Evidence from South Korea[J]. Journal of Development Economics, 2014, 108(5): 222-236.

[119]Cole, M.A. and Fredriksson, P.G. Institutionalized pollution havens[J]. Ecological Economics, 2009, 68(4): 1239-1256.

[120]Cutter, W.B. and DeShazo, J.R. The environmental consequences of decentralizing the decision to decentralize[J]. Journal of Environmental Economics and Management. 2007, 53: 32-53.

[121]Dijkstra, B.R. and Fredriksson, P.G. Regulatory environmental federalism [J]. Annual Reviews Resource Economics, 2010, 2(1): 319-339.

[122]Dong, B. M., Gong, J., Zhao, X., et al. FDI and environmental regulation: Pollution haven or a race to the top? [J]. Journal of Regulatory Economics, 2012, 41(2): 216-237.

[123]Duvivier, C. and Xiong, H. Transboundary pollution in China: A study of the location choice of polluting firms in Hebei province[J]. Environment and Development Economics, 2013, 18(4): 459-483.

[124]Eaton, S. and Kostka, G. Does cadre turnover help or hinder China's green rise? Evidence from Shanxi province[D]. Working Paper, 2013.

[125]Ebenstein, A. The consequences of industrialization: Evidence from water pollution and digestive cancers in China[J]. The Review of Economics and Statistics, 2012, 94(1): 186-201.

[126]Elliott, E.D., Bruce, A.A. and Millian, J.C. Toward a theory of statutory evolution: The federalization of environmental law[J]. Journal of Law, Economic, and Organization. 1985, 1(2): 313-340.

[127]Enikolopov, R. and Zhuravskaya, E. Decentralization and political institutions[J]. Journal of Public Economics, 2007, 91(11): 2261-2290.

[128]Esty, D. C. Revitalizing environmental federalism [J]. Michigan Law Review, 1996, 95(3): 570-653.

[129]Fischel, D.R. The "race to the bottom revisited": Reflections on recent developments in delaware's corporation law[J]. Northwestern University Law Review, 1981, 76(6): 913-920.

[130]Fomby, T. B. and Lin, L. A change point analysis of the impact of environmental federalism on aggregate air quality in the United States: 1940—1998[J]. Economic Inquiry, 2003, 44(1): 109-120.

[131]Fredriksson, P. G. and Millimet, D. L. Strategic interaction and the determination of environmental policy across U.S. states[J]. Journal of Urban Economics, 2002, 51(1): 101-122.

[132]Fredriksson, P.G. and Wollscheid, J.R. Environmental decentralization

and political centralization[J]. Ecological Economics, 2014, 107(11): 402-410.

[133]Freedman, S., Lin, H., Simon, K., et al. Public health insurance expansions and hospital technology adoption [J]. Journal of Public Economics, 2015, 121(1): 117-131.

[134]Galiani, S., Gertler, P., Schargrodsky E., et al. Water for life: The impact of the privatization of water services on child mortality[J]. Journal of Political Economy, 2005, 113(2): 83-120.

[135]Ghanem, D. and Zhang, J.J. Effortless perfection: Do Chinese cities manipulate air pollution data? [J]. Journal of Environmental Economics and Management, 2014, 68(2): 203-225.

[136]Gray, W. and Shadbegian, R.J. Optimal pollution abatement: Whose benefits matter, and how much[J]. Journal of Environmental Economics and Management, 2004, 47: 510-534.

[137]Greenstone, M. The impacts of environmental regulations on industrial activity: Evidence from the 1970 and 1977 clean air act amendments and the census of manufactures[J]. Journal of Political Economy, 2002, 110(6): 1175-1219.

[138]Grossman, G.M. and Krueger, A.B. Economic growth and the environment [J]. The Quarterly Journal of Economics, 1995, 110(2): 353-377.

[139]Guo, F. and Shi, Q.L. Official turnover collusion deterrent and temporary improvement of air quality [J]. Economic Research Journal, 2017, 52(7): 155-168.

[140]Haken, H. and Wagner, M. Synergetics-towards a new discipline [M]. Berlin: Springer Verlag, 1973.

[141]Harrison, T. and Kostka, G. Balancing priorities, aligning interests: Developing mitigation capacity in China and India [J]. Comparative Political Studies, 2014, 47(3): 450-480.

[142]Hayek, F.A. Individualism and economic order[M]. Chicago: University of Chicago Press, 1948.

[143]He, Y., Wen, C. and He, J. The influence of China environmental protection tax law on firm performance-evidence from stock markets[J]. Applied Economics Letters, 2019, 27(1): 1-4.

[144]Heberer, T. and Schubert, G. County and township cadres as a strategic group: A new approach to political agency in China's local state[J]. Journal of Chinese Political Science, 2012, 17(3): 221-249.

[145]Helland, E. and Andrew, B. W. Pollution incidence and political jurisdiction: Evidence from the TRI[J]. Journal of Environmental Economics and Management, 2003, 46: 403-424.

[146]Henry, N.B. and Jonathan, R.M. The myth of competition in the dual banking system[J]. Cornell Law Review, 1988, 73: 677-702.

[147]Jin, J., Qian, S. and Wilson, H.S.T. Privatization through an overseas listing: Evidence from China's H-Share firms[J]. Financial Management, 2005, 34(3): 5-30.

[148]Kostka, G. and Nahm, J. Central-Local relations: Recentralization and environmental governance in China[J]. The China Quarterly, 2017, 231(9): 567-582.

[149]Kostka, G. Barriers to the implementation of environmental policies at the local level in China[D]. Working Paper, 2014.

[150]Kunce, M. and Shogren, J.F. Destructive interjurisdictional competition: Firm, capital and labor mobility in a model of direct emission control[J]. Ecological Economics, 2007, 60(3): 543-549.

[151]Kunce, M. and Shogren, J.F. On environmental federalism and direct emission control[J]. Journal of Urban Economics, 2002, 51(2): 238-245.

[152]Lai, Y.B. The superiority of environmental federalism in the presence of

lobbying and prior tax distortions[J]. Journal of Public Economic Theory, 2013, 15(2): 341-361.

[153]Li, H.B. and Zhou, L.A. Political turnover and economic performance: The incentive role of personnel control in China[J]. Journal of Public Economics, 2005, 89(9): 1743-1762.

[154]Li, S., Niu, J. and Tsai, S.B. Opportunism motivation of environmental protection activism and corporate governance: An empirical study from China[J]. Sustainability, 2018, 10(6): 1-18.

[155]Li, Y., Tong, J. and Wang, L. Full implementation of the river chief system in China: Outcome and weakness[J]. Sustainability, 2020, 12(9): 1-16.

[156]Liao, Z. The evolution of wind energy policies in China (1995-2014): An analysis based on policy instruments[J]. Renewable and Sustainable Energy Reviews, 2016, 56: 464-472.

[157]List, J. A. and Gerking, S. Regulatory federalism and environment protection in the United States[J]. Journal of Regional Science, 2000, 40(3): 453-471.

[158]List, J.A. and Mason, C. Optimal institutional arrangements for pollution control: Evidence from a differential game with asymmetric players[J]. Journal of Environmental Economics and Management, 2001, 42(3): 277-296.

[159]List, J.A., Millimet, D.L. and Fredriksson, P.G. Effects of environmental regulations on manufacturing plant births: Evidence from a propensity score matching estimator[J]. The Review of Economics and Statistics, 2003, 4(9): 944-952.

[160]Madiès, T. and Dethier, J.J. Fiscal competition in developing countries: A survey of the theoretical and empirical literature[J]. Journal of International Commerce, Economics and Policy, 2012, 3(2): 1-31.

[161]Manor, J. The political economy of democratic decentralization[R]. World Bank, 1999.

[162]Maria, A.G.V. What level of decentralization is better in an environmental context? An application to water policies [J]. Environmental and Resource, 2007, 38(2): 213-229.

[163]Markusen, J.R., Morey, E.R. and Olewiler, N. Environmental policy when market structure and plant locations are endogenous[J]. Journal of Environmental Economics and Management, 1993, 24: 69-86.

[164]Maskin, E., Qian, Y.Y., Xu, C.G., et al. Incentives, information and organizational form [J]. Review of Economic Studies, 2000, 67 (2): 359-378.

[165]McConnell, V. D. and Robert, M. S. The impact of environmental regulation on industry location decisions: The motor vehicle industry[J]. Land Economics, 1990, 66(1): 67-81.

[166]Millimet, D. Empirical methods for political economy analyses of environmental policy[J]. Encyclopedia of Energy Natural Resource and Environmental Economics, 2013, 3(3): 250-260.

[167]Millimet, D. L. and Roy, J. Empirical tests of the pollution haven hypothesis when environmental regulation is endogenous[J]. Journal of Applied Econometrics, 2015, 31(4): 623-645.

[168]Mol, A. P. J. and Carter, N. T. China's environmental governance in transition[J]. Environmental Politics, 2006, 15(2): 149-170.

[169]Nie, Y., Chengm, D. and Liu, K. The effectiveness of environmental authoritarianism: Evidence from China's administrative inquiry for environmental protection[J]. Energy Economics, 2020, 88: 104777.

[170]Oates, W.E. A reconsideration of environmental federalism[D]. Working Paper, 2001.

[171]Oates, W.E. Fiscal Federalism[M]. New York: Harcourt, 1972.

[172]Porter, M.E. and Van, L.C. Toward a new conception of environment-competitiveness relationship[J]. Journal of Economic Perspectives, 1995, 9(4): 97-118.

[173]Qi, Y. and Zhang, L.Y. Local environmental enforcement constrained by central-local relations in China [J]. Environmental Policy and Governance, 2014, 24(3): 216-232.

[174]Qian, Y.Y. and Roland, G. Federalism and the soft budget constraint[J]. American Economic Review, 1998, 88(5): 1143-1162.

[175]Ran, R. Perverse incentive structure and policy implementation gap in China's local environment politics[J]. Journal of Environmental Policy and Planning, 2013, 15(1): 17-39.

[176]Richard, R.L. Federalism and environmental regulation: A public choice analysis[J]. Harvard Law Review, 2001, 115(2): 553-641.

[177]Riker, W. Federalism: Origins, operation, significance [M]. Boston: Little Brown and Co., 1964.

[178]Rogers, S., Barnett, J., Webber, M., et al. Governmentality within China's South-North Water Transfer Project: Tournaments, markets and water pollution[J]. Royal Geographical Society, 2016, 41(4): 429-441.

[179]Rooij, B., Zhu, Q., Li, N., et al. Centralizing trends and pollution law enforcement in China[J]. The China quarterly, 2017, 231(8): 1-24.

[180]Schell, L.M. Modern water: A biocultural approach to water pollution at the Akwesasne Mohawk Nation[J]. American Journal of Human Biology, 2019, 32(2): 1-8.

[181]Shen, K.R., Jin, G., Fang, X., et al. Does environmental regulation cause pollution to transfer nearby? [J]. Economic Research Journal, 2017, 52(5): 44-59.

[182]Sigman, H. Decentralization and environmental quality: An international analysis of water pollution[J]. Land Economics, 2014, 90(1): 114-130.

[183]Sigman, H. Letting states do the dirty work: States responsibility for federal environmental regulation[J]. National Tax Journal, 2003, 56(1): 107-122.

[184]Sigman, H. Transboundary spillovers and decentralization of environmental policies[J]. Journal of Environmental Economics and Management, 2005, 50: 82-101.

[185]Smith, L., Inman, A., Lai, X., et al. Mitigation of diffuse water pollution from agriculture in England and China, and the scope for policy transfer [J]. Land Use Policy, 2017, 61: 208-219.

[186]Stabell, E.D. and Steel, D. Precaution and fairness: A framework for distributing costs of protection from environmental risks[J]. Journal of Agricultural and Environmental Ethics, 2018, 31(1): 55-71.

[187]Tiebout, C.M. A pure theory of local expenditures[J]. The Journal of Political Economy, 1956, 64: 160-164.

[188]Timothy, J. B. Evaluating the benefits of non-marginal reductions in pollution using information on defensive expenditures [J]. Journal of Environmental Economics and Management, 1988, 15(1): 111-127.

[189]Tsui, K. Y. and Wang, Y. Q. Decentralization with political trump: Vertical control, local accountability and regional disparities in China[J]. China Economic Review, 2008, 19(1): 18-31.

[190]Tu, Z., Hu, T. and Shen, R. Evaluating public participation impact on environmental protection and ecological efficiency in China: Evidence from PITI disclosure[J]. China Economic Review, 2019, 55(6): 111-123.

[191]Veld, K. V. and Shogren, J. F. Environmental federalism and environmental liability [J]. Journal of Environmental Economics and Management, 2012, 63(1): 105-119.

[192]Wang, C.H., Wu, J.J., Zhang, B., et al. Environmental regulation, emissions and productivity: Evidence from Chinese COD-emitting

manufacturers[J]. Journal of Environmental Economics and Management, 2018, 92(11): 54-73.

[193]Wang, J. and Zhang, K.Z. Convergence of carbon dioxide emissions in different sectors in China[J]. Energy, 2014, 65(1): 605-611.

[194]Wang, Y., Chen, X. and Tortajada, C. River chief system as a collaborative water governance approach in China[J]. International Journal of Water Resources Development, 2020, 36(4): 610-630.

[195]Wilson, J.D. Theories of tax competition[J]. National Tax Journal, 1999, 52(2): 269-304.

[196]Wu, J., Deng, Y., Huang, J., et al. Incentives and outcomes: China's environmental policy[D]. Working Paper, 2013.

[197]Xu, C. The fundamental institutions of China's reforms and development [J]. Journal of Economic Literature, 2011, 49(4): 1076-1151.

[198]Yang, C., Zhang, W., Sheng, Y., et al. Corruption and firm efforts on environmental protection: Evidence from a policy shock [J]. Pacific-Basin Finance Journal, 2021, 65: 101465.

[199]Yang, J. S. and Xu, J. Inequality in the distribution of environmental benefit and its transfer mechanism[J]. Economic Research Journal, 2016, 51(1): 155-167.

[200]Zhang, B., Cao, C., Hughes, R. M, et al. China's new environmental protection regulatory regime: Effects and gaps [J]. Journal of Environmental Management, 2017, 187(2): 464-469.

[201]Zheng, S.Q., Matthew, E.K., Sun, W.Z., et al. Incentives for China's urban mayors to mitigate pollution externalities: The role of the central government and public environmentalism[J]. Regional Science and Urban Economics, 2014, 47(7): 61-71.

[202]Zhou, Y., Ma, J., Zhang, Y., et al. Improving water quality in China: Environmental investment pays dividends[J]. Water Research, 2017, 118

(7): 152-159.

[203]Zhu, P.F., Zhang, Z.Y., Jiang, G.L., et al. Empirical study of the relationship between FDI and environmental regulation: An intergovernmental competition rerspective [J]. Economic Research Journal, 2011, 46(6): 133-145.